STARK IN...

Mathematik

Unterstufe

Schroedel

Stark in Mathematik
Unterstufe

Bearbeitet von
Anneliese Angendohr, Ludwig Augustin, Prof. Dr. Eugen Bauhoff, Rolf Breiter, Susanne Erdenkäufer, Heinz Fehrmann, Andrea Gotsche-Drötboom, Andreas Kittel, Sybille Stefener

in Zusammenarbeit mit der Verlagsredaktion

CHLORFREI

Gedruckt auf Papier, das nicht mit Chlor gebleicht wurde. Bei der Produktion entstehen keine chlorkohlenwasserstoffhaltigen Abwässer.

Zum Schülerband erscheinen:
Arbeitsheft U2 (Best. Nr. 43306)
Arbeitsheft U3 (Best. Nr. 43307)
Arbeitsheft U4 (Best. Nr. 43308)
Materialien für Lehrerinnen und Lehrer (Best. Nr. 43309)

ISBN 3-507-**43303**-6

Druck A 6 5 4 3 2 1 / Jahr 2008 2007 2006 2005 2004 2003

Alle Drucke der Serie A sind im Unterricht parallel verwendbar, da bis auf die Behebung von Druckfehlern untereinander unverändert. Die letzte Zahl bezeichnet das Jahr dieses Druckes

Umschlaggestaltung: Jürgen Kochinke
Illustrationen: Dietmar Griese
Satz: DTP Heimservice Gundolf Porr
Druck und Bindung: Westermann, Braunschweig

Inhaltsverzeichnis

Zahlen bis 6 5
Zählübungen 6
Zahlen bis 6 in den Rechenschiffchen 9
Größer – kleiner – gleich 10
Zahlenreihen 11
Zahlen zerlegen 12
Addieren 14
Subtrahieren 16
Wiederholen und Üben 18

Zahlen bis 10 19
Orientierung im Zahlenraum bis 10 20
Größer – kleiner – gleich 24
Zahlenreihen 26
Zahlen zerlegen 28
Mathewerkstatt: Zerlegungsstreifen 30
Wiederholen und Üben 32

Addieren und Subtrahieren bis 10 33
Addieren 34
Tauschaufgaben – Nachbaraufgaben 37
Subtrahieren 38
Projekt: Angelspiel 41
Addieren und Subtrahieren 42
Rechengeschichten 43
Umkehraufgaben 44
Verwandte Aufgaben 45
Ergänzen 46
Geld 48
Verdoppeln 50
Halbieren 51
Wiederholen und Üben 52

Geometrie 1 53
Vor – hinter – zwischen 54
Über – unter – auf – neben 55
Projekt: Figuren bauen 56
Mathewerkstatt: Körper herstellen 57
Figuren zeichnen 58
Wiederholen und Üben 60

Alles paletti 61

Wiederholung: Zahlen bis 10 63
Größer – kleiner – gleich 64
Zahlenreihen 65
Zahlen zerlegen 66
Addieren 68
Subtrahieren 69
Verwandte Aufgaben 70
Ergänzen 71
Ergänzen bis 10 72
Wiederholen und Üben 74

Zahlen bis 20 75
Bündeln 76
Zahlen von 11 bis 20 77
Zahlen bis 20 in den Rechenschiffchen 78
Mathewerkstatt: Memory 80
Größer – kleiner – gleich 82
Zahlenreihen 84
Wiederholen und Üben 86

Addieren und Subtrahieren bis 20 87
Addieren ohne Zehnerübergang 88
Subtrahieren ohne Zehnerübergang 90
Analoge Aufgaben 92
Ergänzen auf 10 94
Addieren mit Zehnerübergang 96
Sachaufgaben 99
Subtrahieren mit Zehnerübergang 100
Sachaufgaben 104
Projekt: Würfelspiel 105
Umkehraufgaben 106
Addieren und Subtrahieren 107
Verdoppeln 108
Halbieren 109
Wiederholen und Üben 110

Geometrie 2 111
Mathewerkstatt: Karten herstellen 112
Mit dem Spiegel umgehen 114
Symmetrische Figuren legen 116
Symmetrische Figuren zeichnen 117
Wiederholen und Üben 118

Zeit 119
Vorher – nachher 120
Gestern – heute – morgen 121
Tagesablauf 122
Uhrzeit 123
Wiederholen und Üben 124

Geld 125
Cent 126
Euro 127
Einkaufen 128
Wiederholen und Üben 132

Alles paletti 133

Wiederholung: Zahlen bis 20 135
Zahlenreihen 136
Addieren ohne Zehnerübergang 138
Subtrahieren ohne Zehnerübergang 139
Addieren mit Zehnerübergang 140
Subtrahieren mit Zehnerübergang 141
Wiederholen und Üben 142

Zahlen bis 100 143
Schätzen und bündeln 144
Zehnerzahlen 145
Hunderter – Zehner – Einer 146
Zahlen legen 147
Zahlen zerlegen 148
Zahlen vergleichen 149
Hunderterfeld 150
Übungen am Zahlenstrahl 152
Wiederholen und Üben 154

Addieren und Subtrahieren bis 100 155
Rechnen mit Zehnerzahlen 156
Ergänzen 157
Addieren und Subtrahieren ohne Zehnerübergang 158
Addieren und Subtrahieren von Zehnerzahlen 159
Halbschriftliches Addieren 160
Halbschriftliches Subtrahieren 161
Addieren mit Zehnerübergang 162
Subtrahieren mit Zehnerübergang 163
Halbschriftliches Addieren mit Zehnerübergang 164
Halbschriftliches Subtrahieren mit Zehnerübergang 165
Mathewerkstatt: Rechenfächer 166
Sachaufgaben 167
Wiederholen und Üben 168

Längen 169
Längen vergleichen 170
Mit Körpermaßen messen 171
Projekt: Meterstab 172
Meter und Zentimeter 173
Schätzen und messen 174
Wiederholen und Üben 176

Multiplizieren und Dividieren 177
Vom Addieren zum Multiplizieren 178
Dividieren 180
Übungen zum Dividieren 182
Einmaleins mit 2 184
Einmaleins mit 10 186
Einmaleins mit 5 187
Wiederholen und Üben 188

Geometrie 3 189
Formen erkennen 190
Figuren legen 192
Figuren zeichnen 193
Bandornamente 194
Wiederholen und Üben 196

Weiter im Einmaleins 197
Einmaleins mit 4 198
Einmaleins mit 8 200
Verwandtschaft der Einmaleinsreihen mit 2, 4 und 8 202
Sachaufgaben 203
Einmaleins mit 3 204
Einmaleins mit 6 206
Im Blumengeschäft 208
Vermischte Übungen 209
Einmaleins mit 9 210
Einmaleins mit 7 212
Wiederholen und Üben 214

Alles paletti 215

Zahlen bis 6

Zählübungen

1

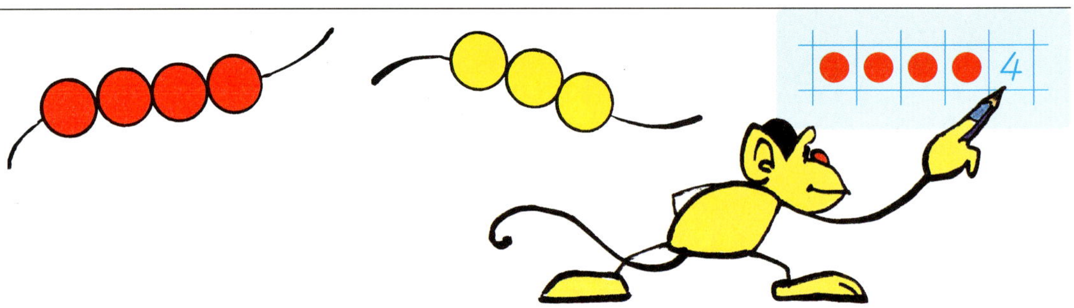

2

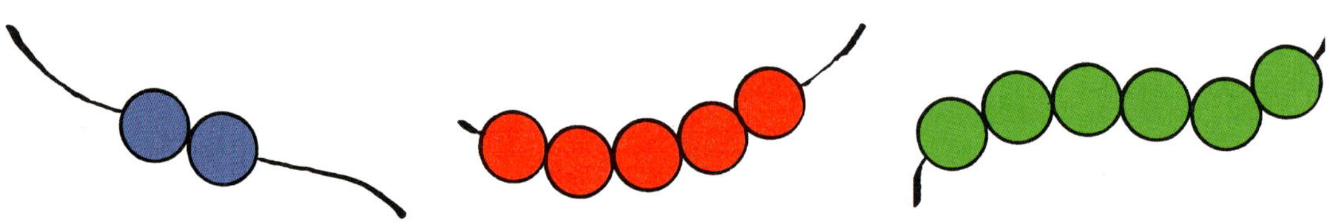

3

1

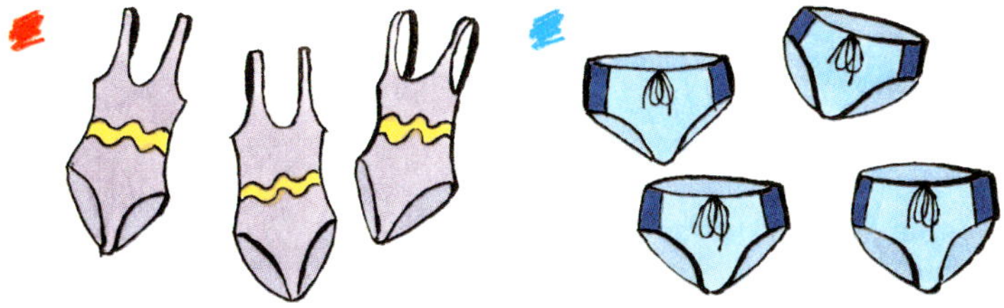

3

2

3

4

5

Zählübungen

1

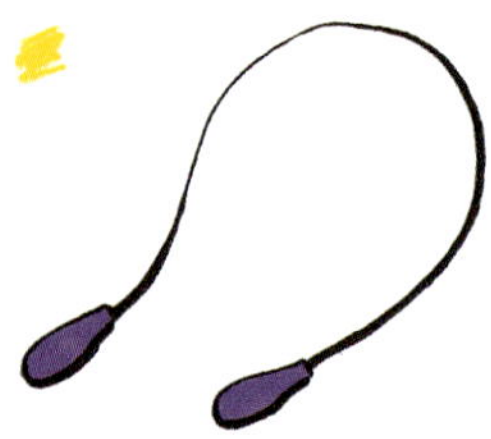

2

3

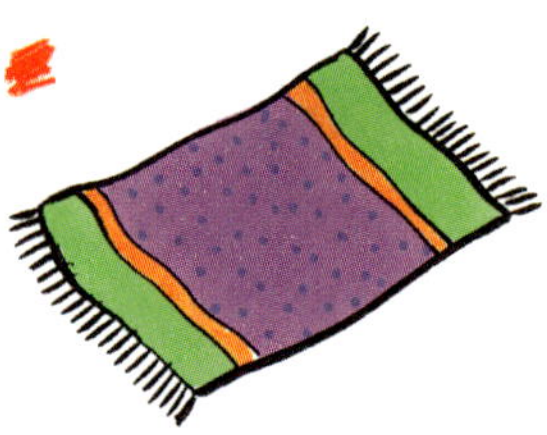

Zahlen bis 6 in den Rechenschiffchen

1

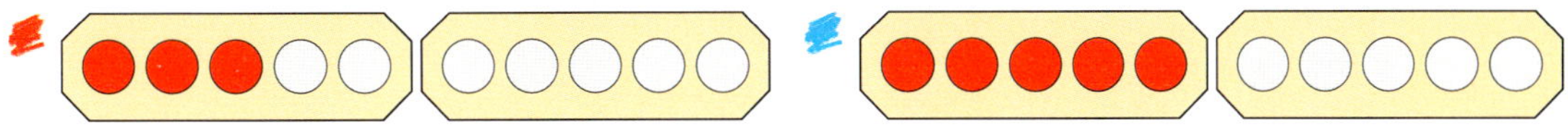

2

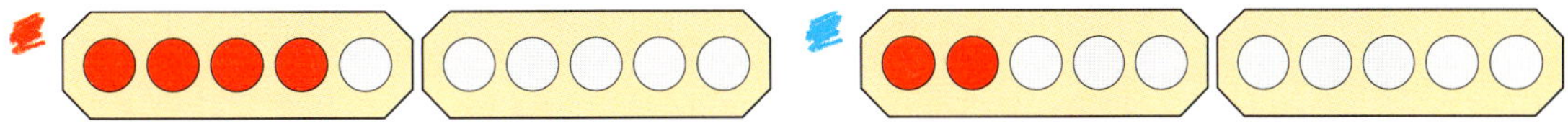

3

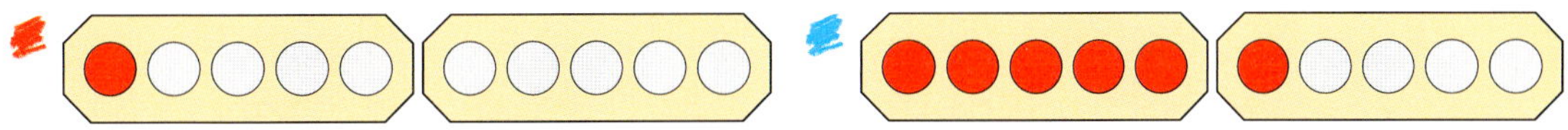

4

5

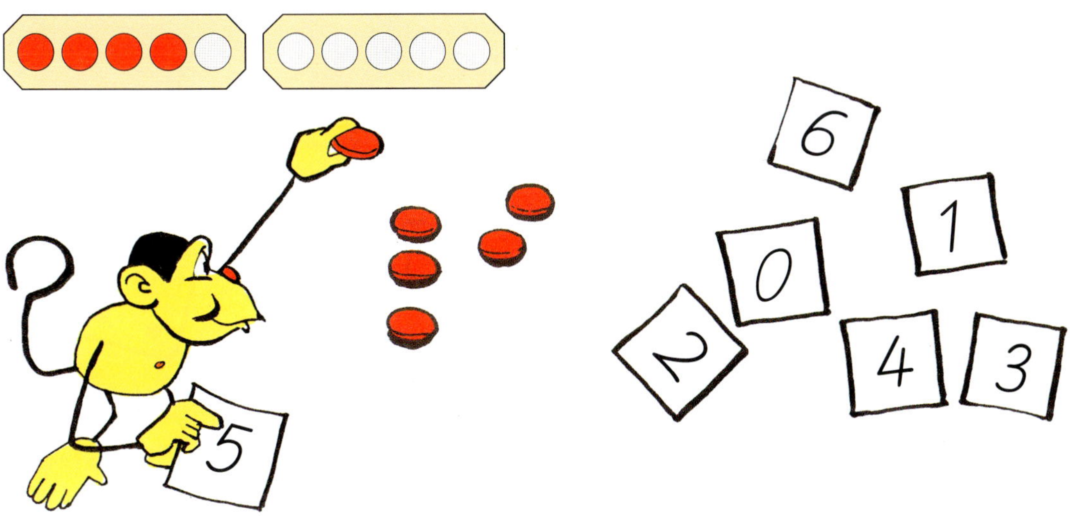

Größer – kleiner – gleich

1

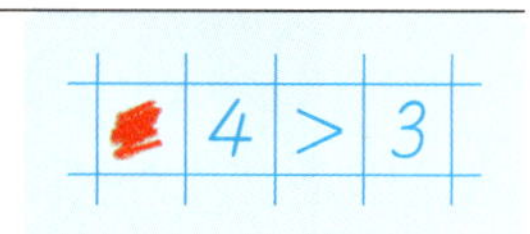

2

3

4

Zahlenreihen

1

2

3

4

5

6

Zahlen zerlegen

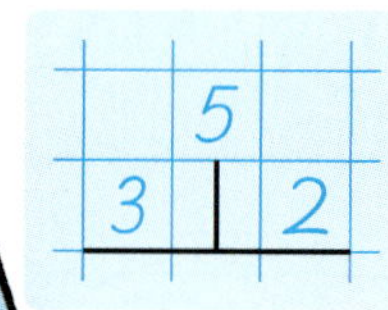

1

2

3

4

1

2

3

4

4	
1	
2	

5	
4	
2	

3	
1	
0	

5

2	
	1
	2

6	
	3
	4

5	
	3
	1

4	
	1
	3

6

4	
	2
1	

6	
	2
3	

5	
3	
	4

3	
2	
	1

Addieren

1

2

3

4 + 2 = 6

1

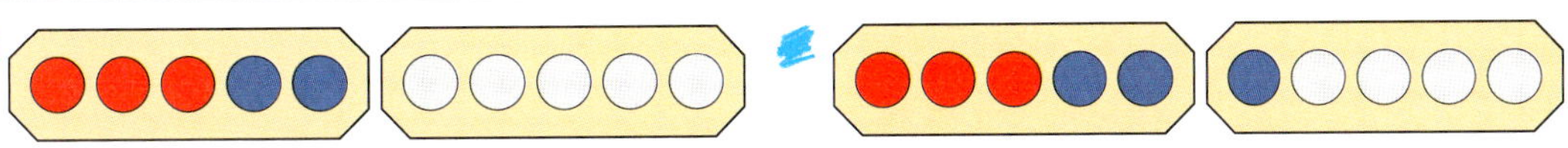

2

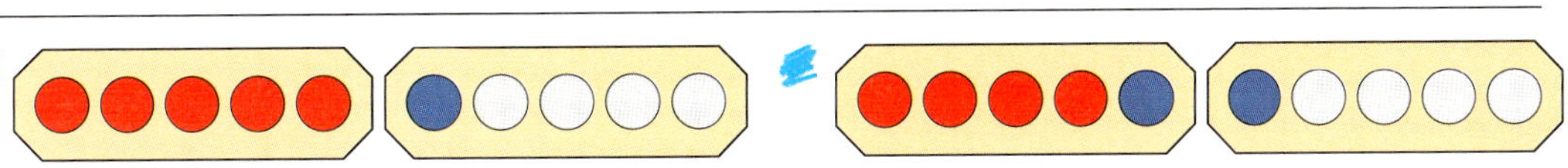

3

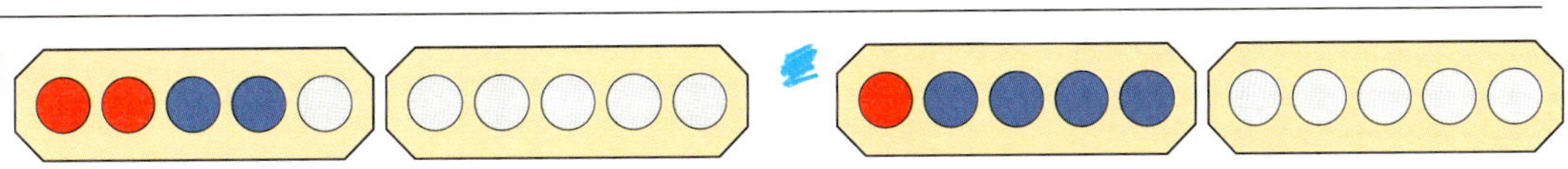

4

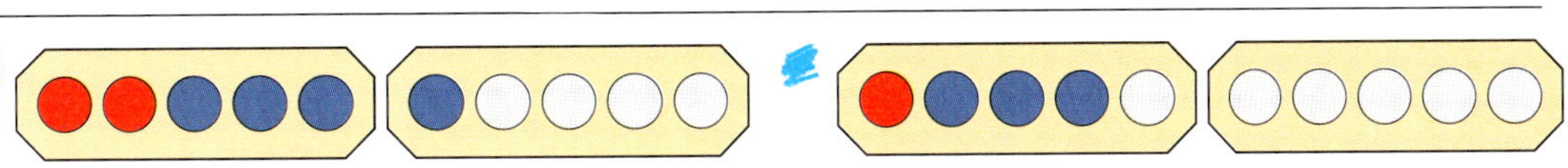

5

1 + 1	3 + 2	4 + 1	1 + 2
2 + 3	5 + 1	3 + 3	4 + 2
4 + 2	2 + 0	2 + 1	2 + 4

Subtrahieren

$6 - 2 = 4$

1

2

3

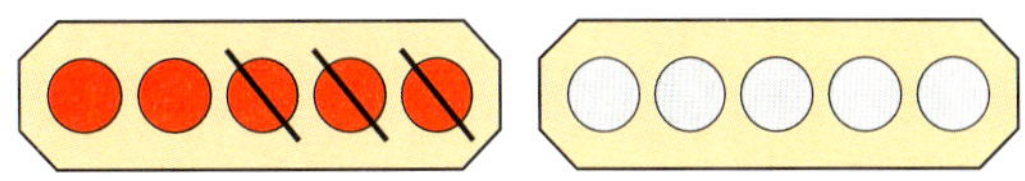

5 – 3 = 2

1

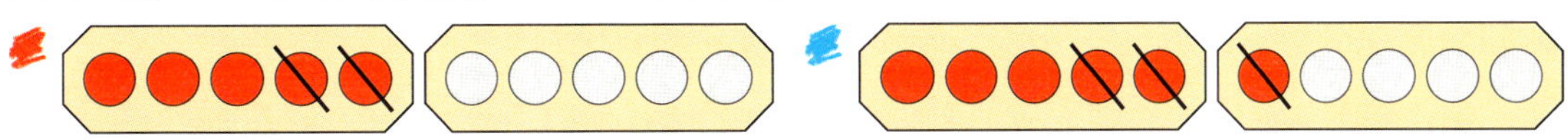

2

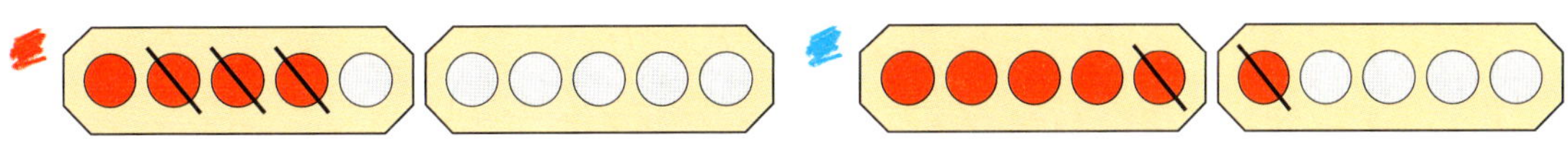

3

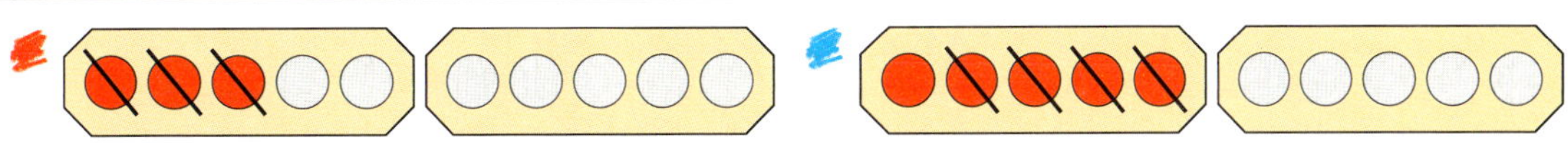

4

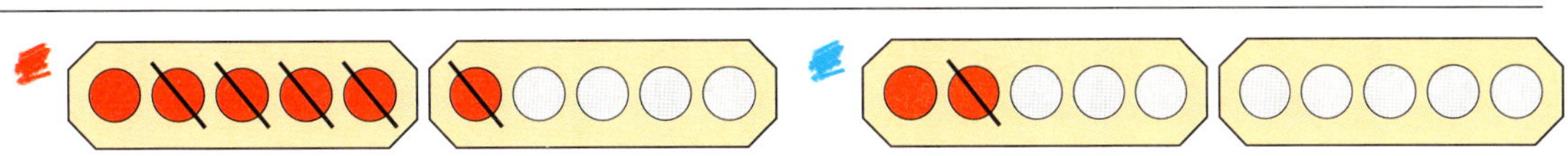

5

5 – 1	3 – 3	6 – 2	5 – 2
2 – 2	3 – 3	5 – 3	4 – 2
3 – 1	6 – 1	2 – 1	6 – 5

Wiederholen und Üben

1

2

3

4 Setze ein: > < =

5

3 2 5 6 1 4 3 3

6

7

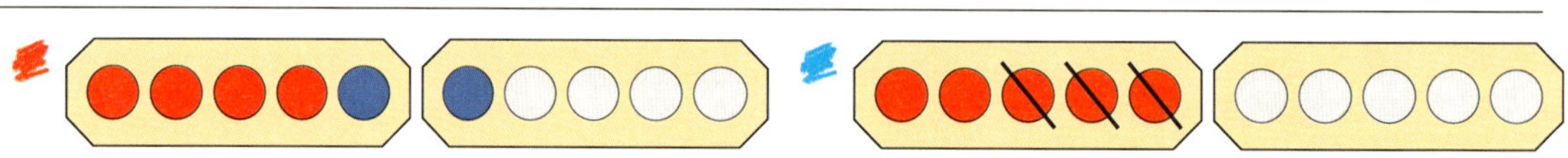

8

3 + 2	6 – 1	5 + 1	6 – 3
2 + 2	5 – 2	4 + 0	4 – 2
4 + 1	3 – 3	3 + 3	3 – 0

Zahlen bis 10

Orientierung im Zahlenraum bis 10

1

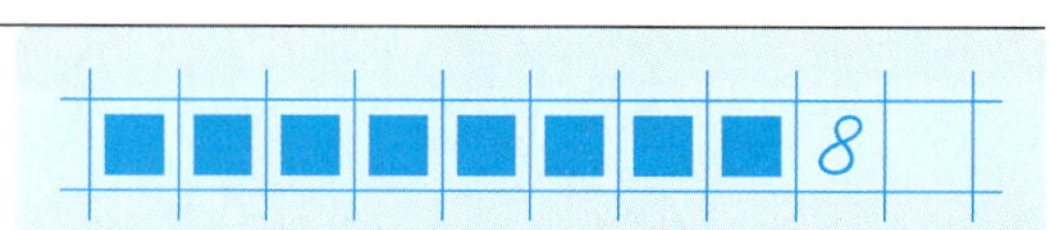

1

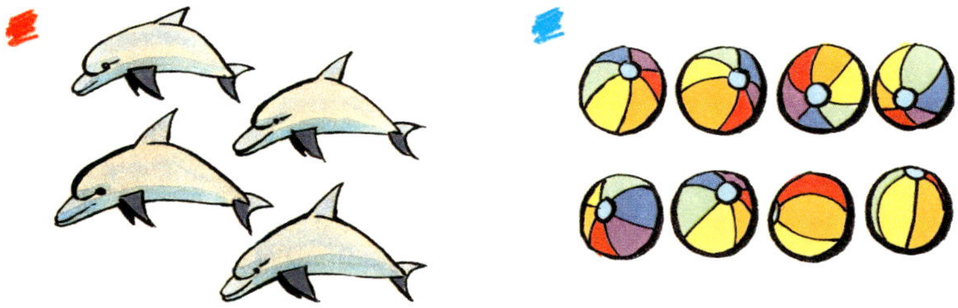

2

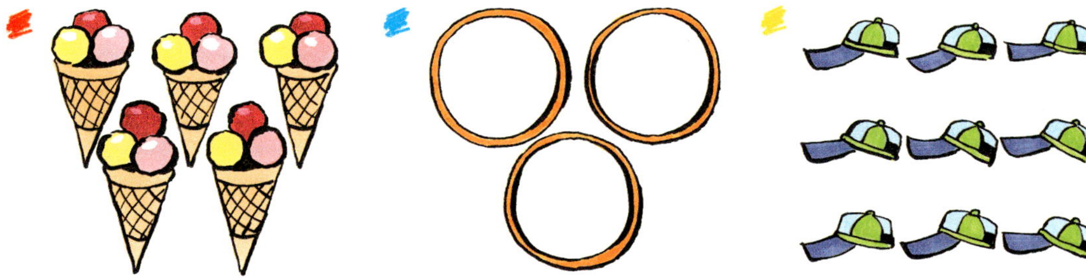

3

4

5

Orientierung im Zahlenraum bis 10

1

2

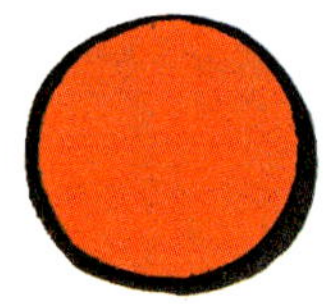

1

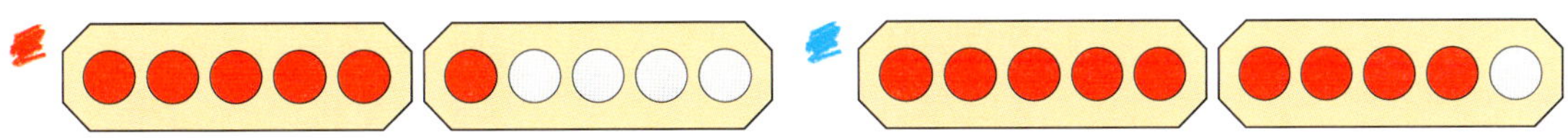

2

3

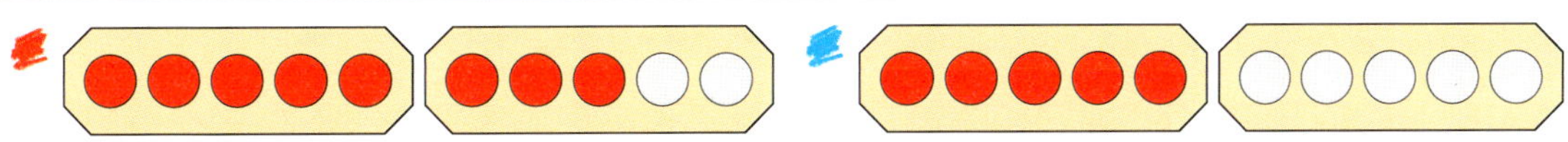

4

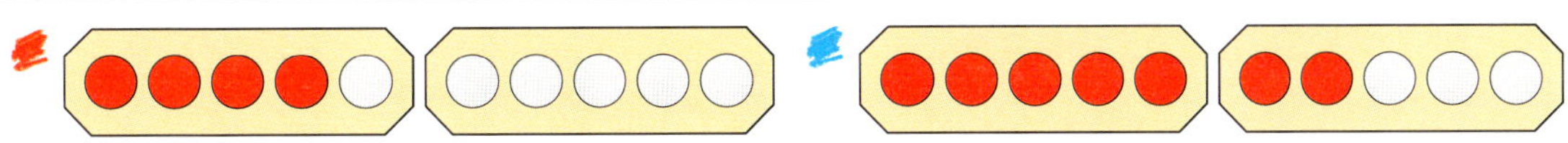

5

6

8 5 10 6 4 2

Größer – kleiner – gleich

1

$2 < 4$

2

3

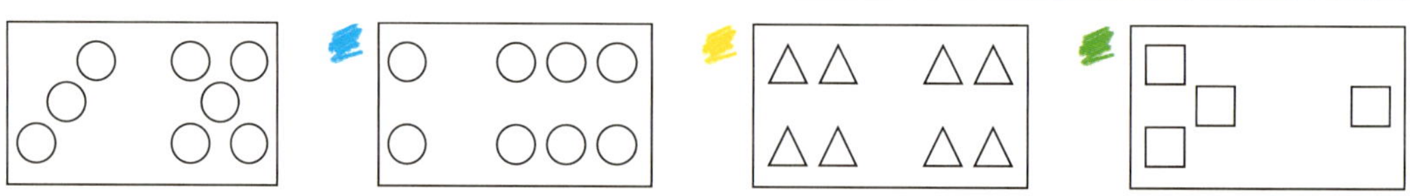

4

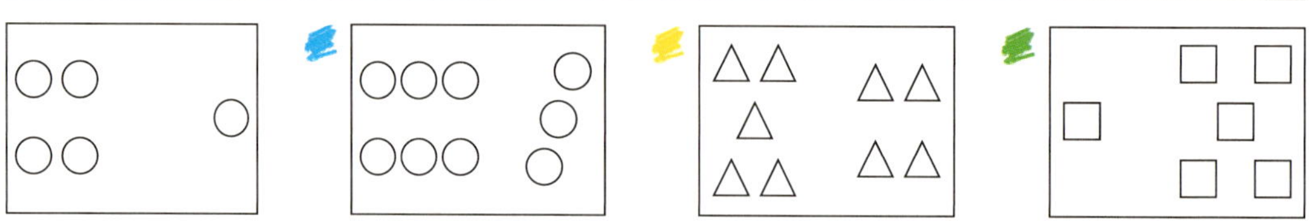

1

3 < 6

2

3

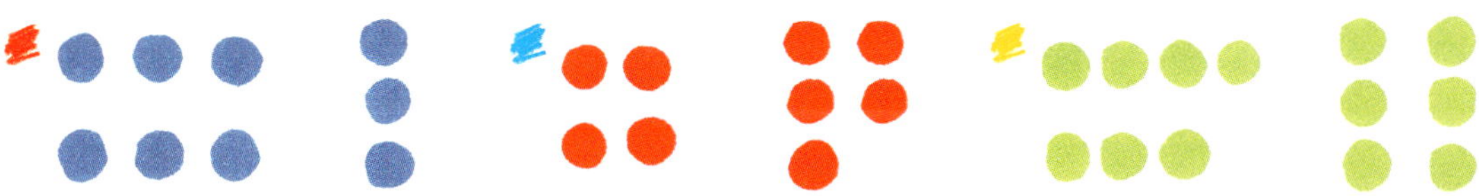

4

5

6 9 | 8 5 | 7 7 | 0 2

6

9 8 | 2 0 | 6 10 | 3 6

Zahlenreihen

1

1 2 3 4 5 6 7 8 9 10

2

3

4

6		8

2		4

8		10

1		3

5

3		5			8

	6		8		

1

10 9 8 7 6 5 4 3 2 1

2

3

4

7 – [ ] – 5   10 – [ ] – 8   3 – [ ] – 1   5 – [ ] – 3

5

10 – 9 – [ ] – [ ]   8 – 7 – [ ] – [ ]   6 – 3 – [ ] – [ ]

6

[ ] – 5 – [ ]   [ ] – 9 – [ ]   [ ] – 3 – [ ]   [ ] – 7 – [ ]

Zahlen zerlegen

1

2

3

4

5

7	
5	
	3

10	
8	
	10

8	
4	
	1

9	
7	
	4

6

6	
5	
	2
3	

9	
3	
	2
0	

8	
6	
	3
2	

7	
4	
	6
7	

1

5 = 3 + 2

2

3

4

Mathewerkstatt: Zerlegungsstreifen

Rechteck aus grauem oder farbigen Karton ausschneiden, an den eingezeichneten Falzlinien umknicken und an den Klebeflächen zusammenkleben.

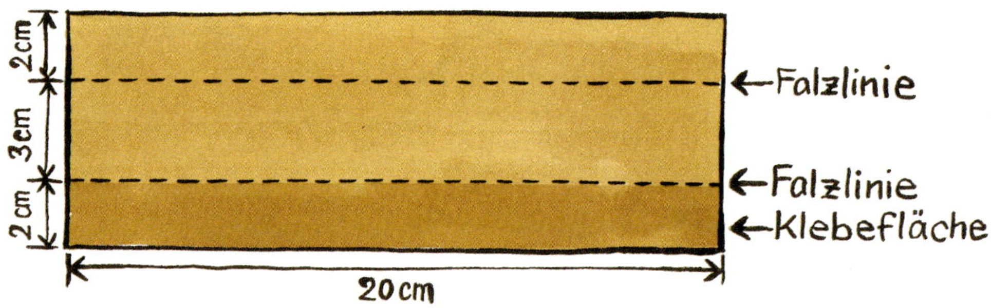

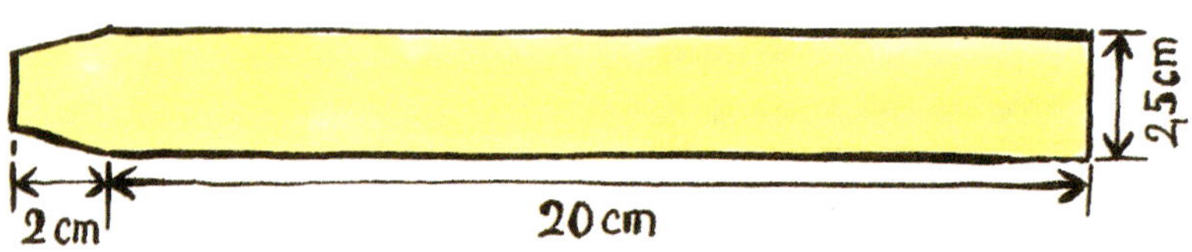

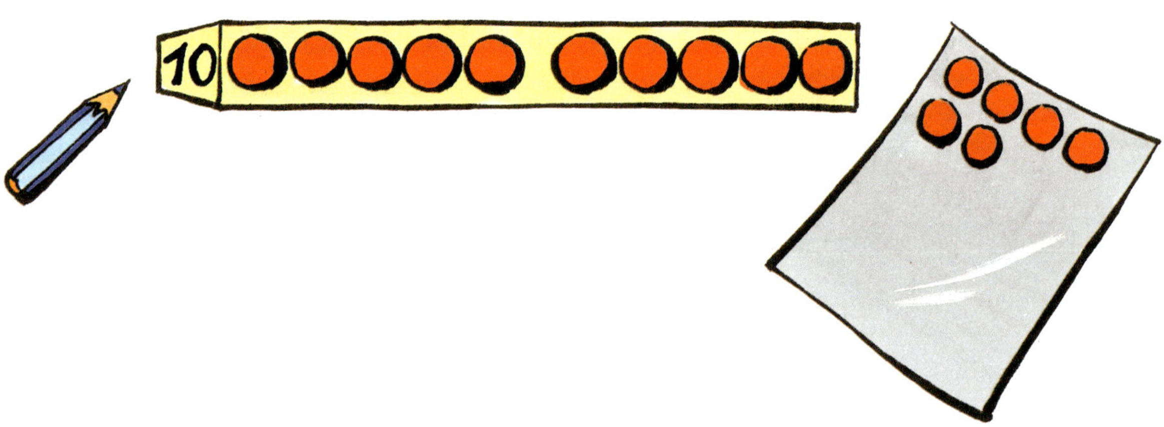

1

2

3

4

5

6

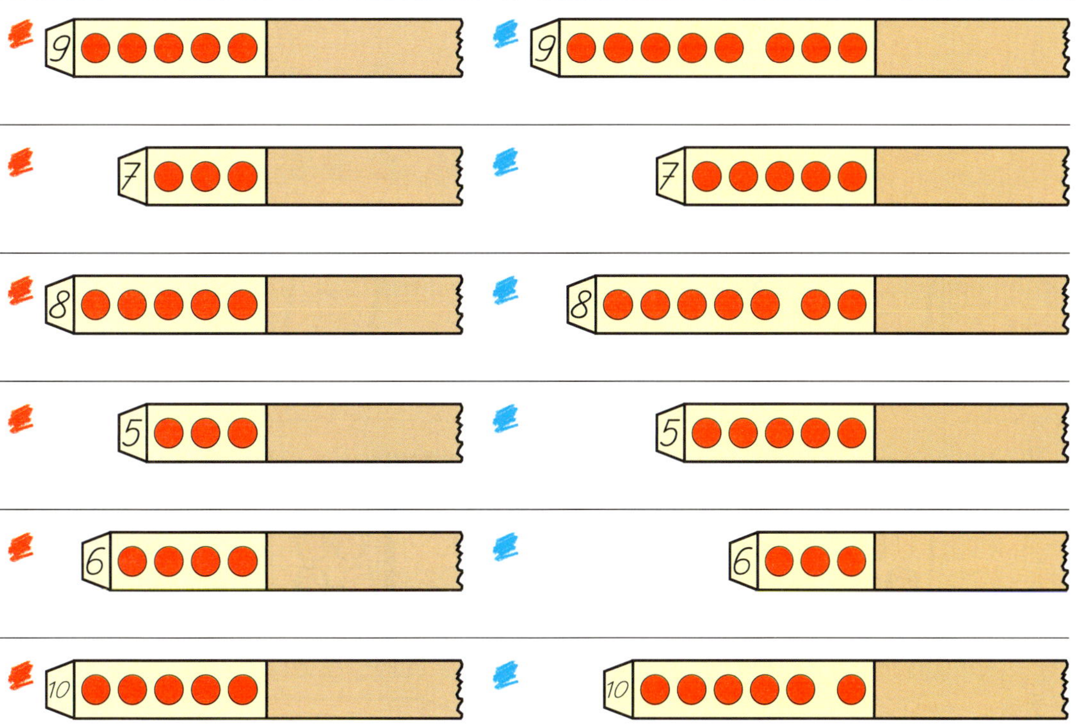

Wiederholen und Üben

1

2

3

4

5

6

7

Addieren und Subtrahieren bis 10

Addieren

1

2

3

5 + 2 = 7

1

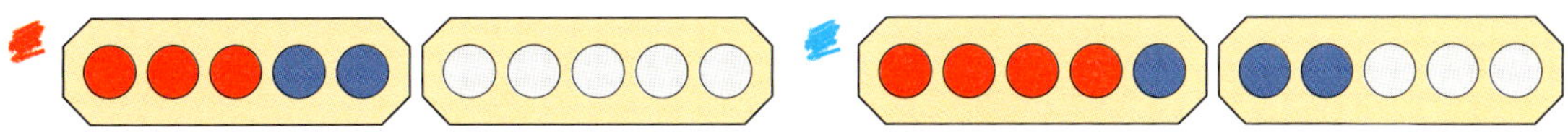

2

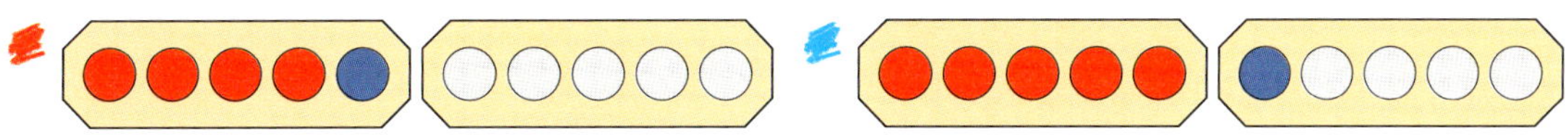

3

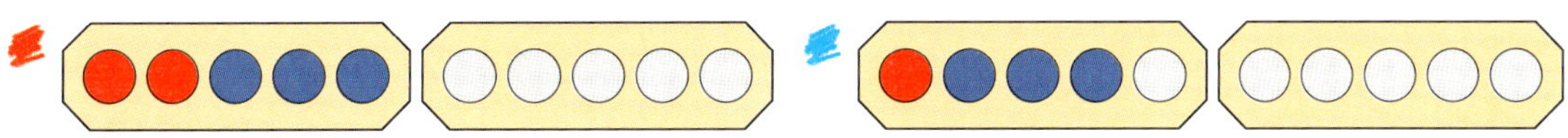

4

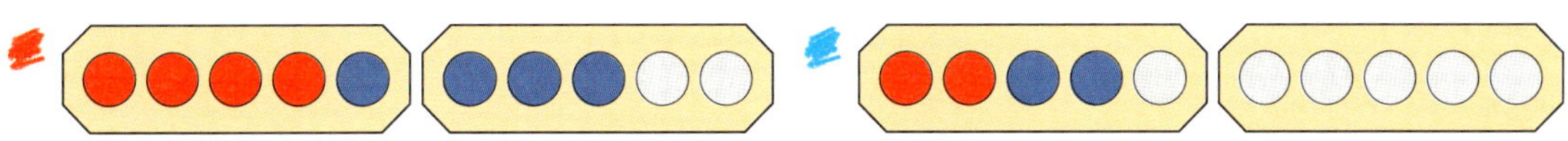

5

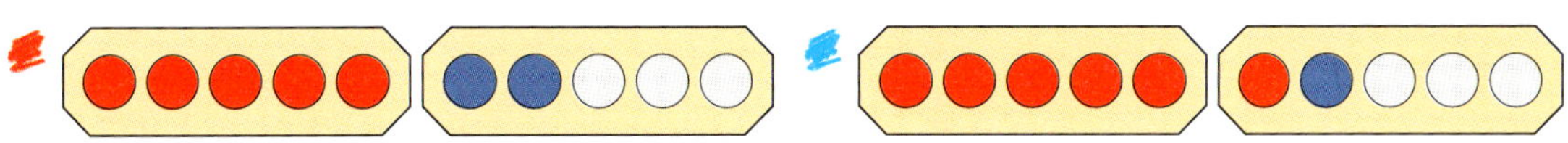

6

4 + 1	5 + 1	4 + 2	2 + 3
3 + 2	3 + 3	5 + 0	1 + 4
2 + 2	1 + 2	2 + 4	4 + 0

Addieren

1

2

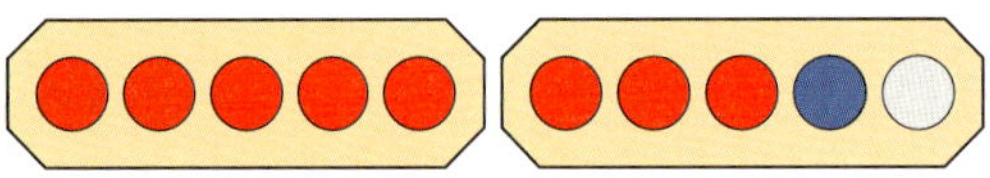

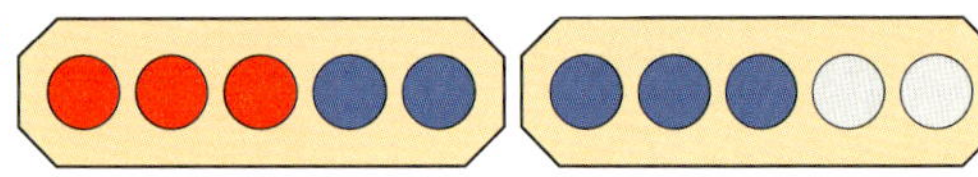

3

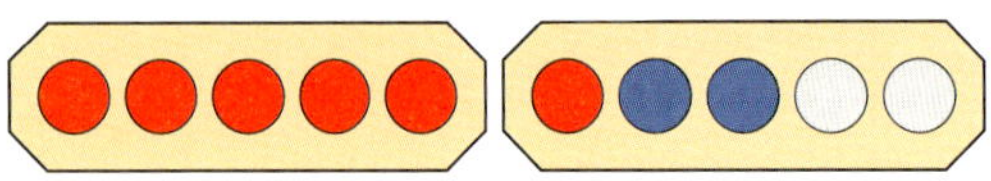

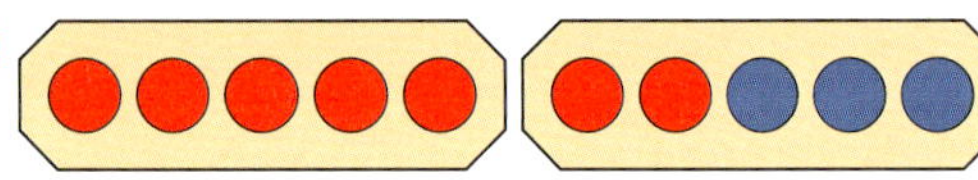

4

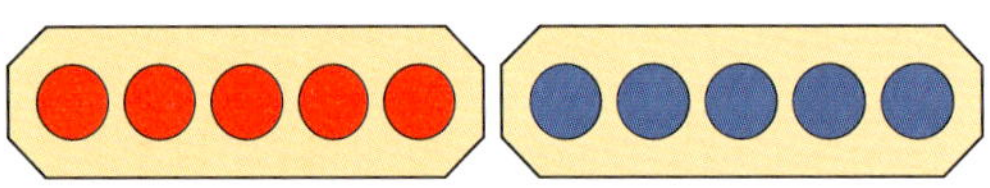

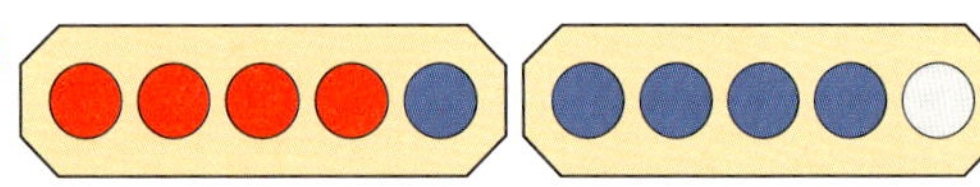

5

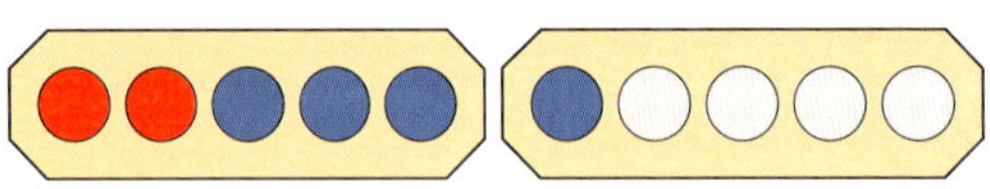

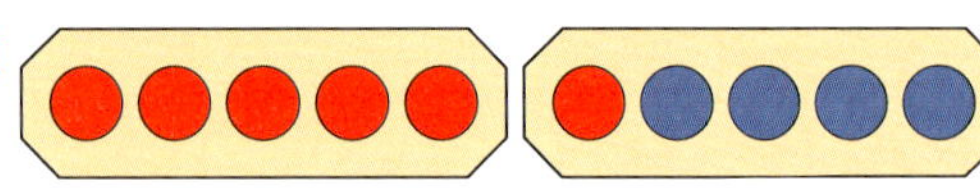

6

6 + 1	8 + 1	4 + 4	8 + 0
7 + 2	9 + 1	5 + 3	6 + 3
5 + 4	6 + 2	6 + 4	7 + 1

7

5 + 5	9 + 0	5 + 2	8 + 2
7 + 1	7 + 3	3 + 5	2 + 5
2 + 6	4 + 6	1 + 6	1 + 7

8

Tauschaufgaben – Nachbaraufgaben

4	+	3	=	7
3	+	4	=	7

1

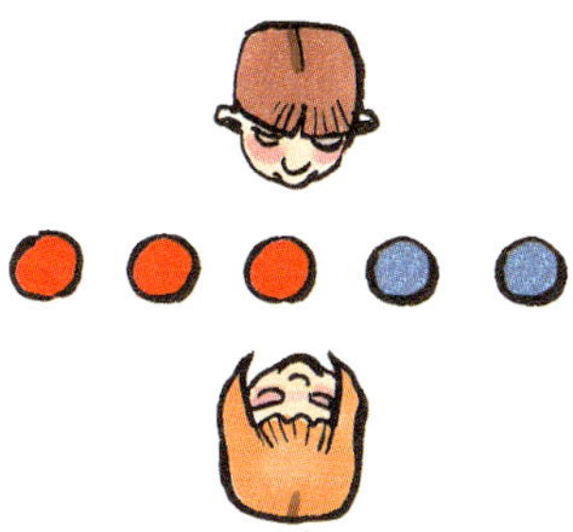

2

2 + 3	5 + 4	6 + 1	5 + 2
3 + 2	4 + 5	1 + 6	2 + 5

3

4

4 + 2	7 + 1	5 + 3	3 + 4
4 + 3	7 + 2	5 + 4	4 + 4
4 + 4	7 + 3	5 + 5	5 + 4

Subtrahieren

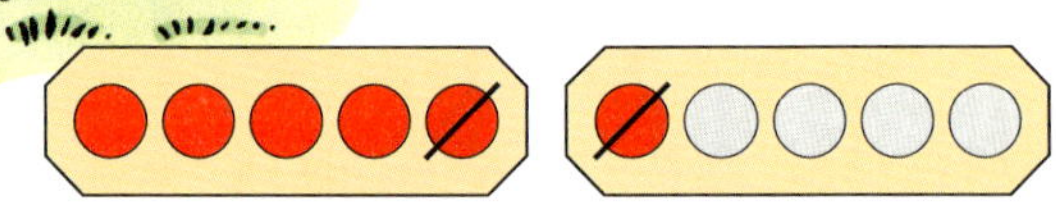

6 − 2 = 4

1

2

3

1

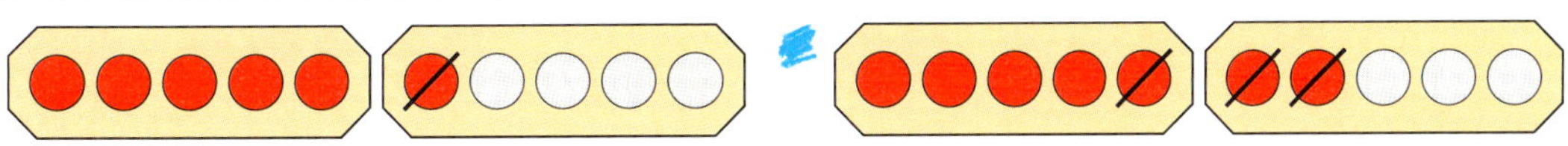

2

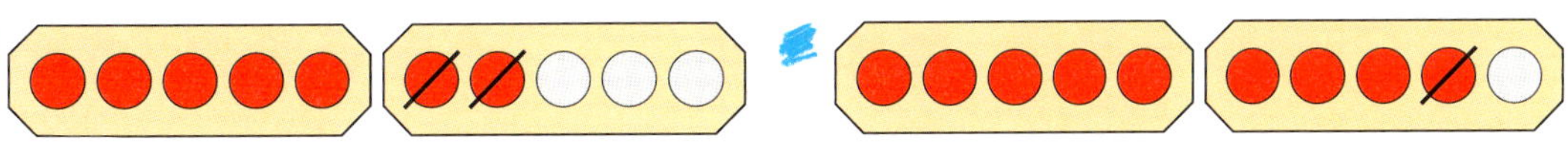

3

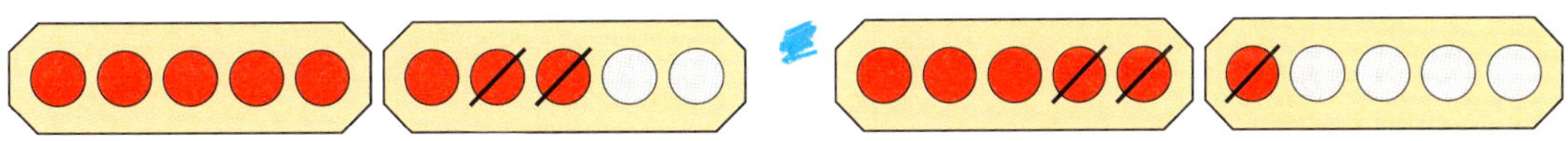

4

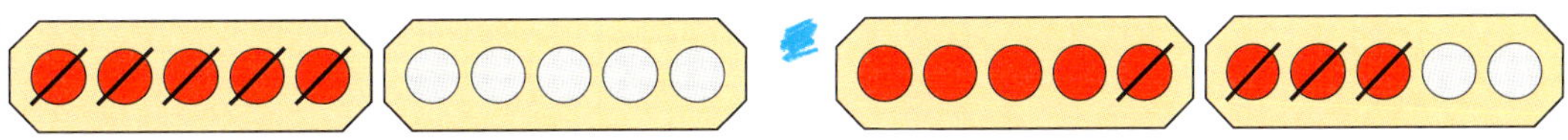

5

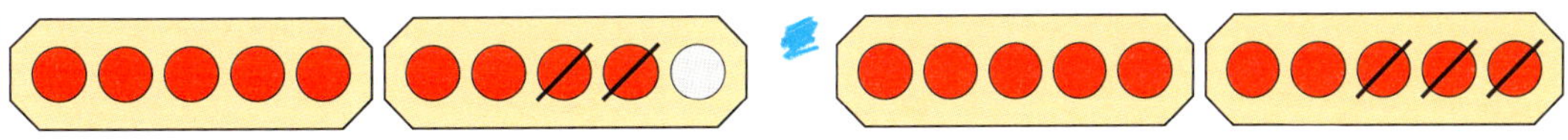

6

5 − 1	8 − 2	5 − 4	7 − 2
6 − 2	9 − 1	8 − 3	8 − 4
7 − 3	6 − 3	4 − 4	9 − 2

7

8 − 5	9 − 4	5 − 2	7 − 5
8 − 6	9 − 6	5 − 3	3 − 2

Subtrahieren

1

2

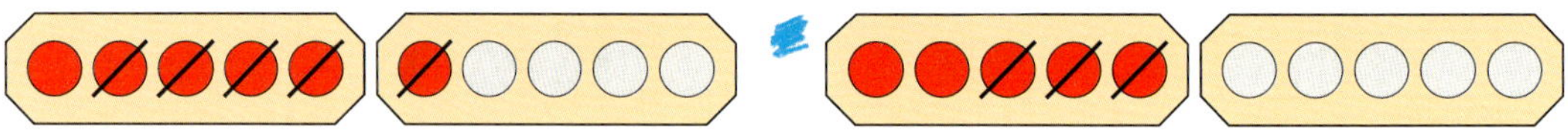

3

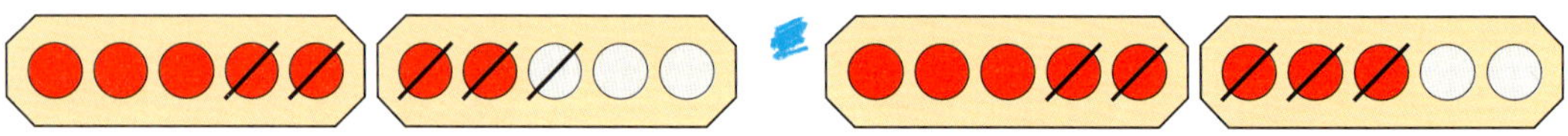

4

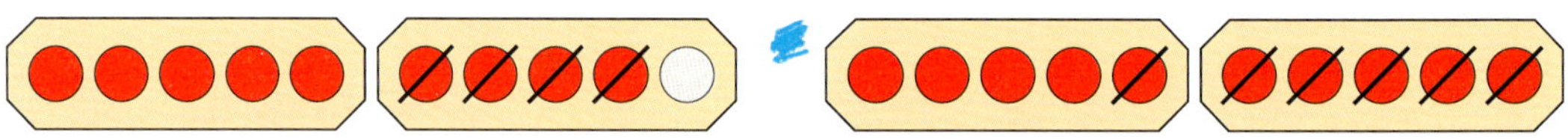

5

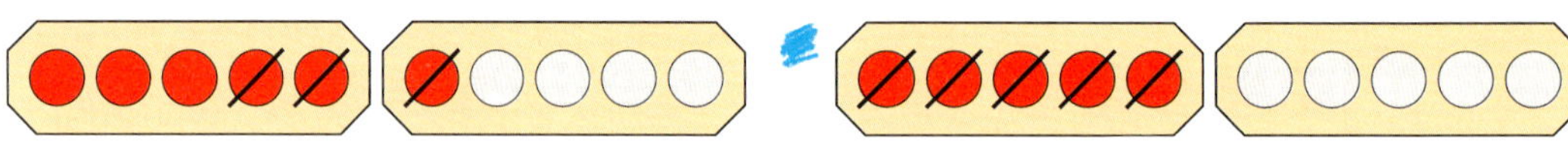

6

9 – 2	8 – 1	7 – 5	9 – 4
6 – 3	8 – 2	5 – 3	8 – 5
4 – 4	8 – 3	6 – 4	10 – 4

7

4 – 3	6 – 3	10 – 5	9 – 5
8 – 4	7 – 3	6 – 6	8 – 7
10 – 4	8 – 3	6 – 5	7 – 6

8

Projekt: Angelspiel

Addieren und Subtrahieren

1

2

6 + 1	2 + 5	4 – 2	6 – 5
7 + 1	4 + 4	5 – 2	7 – 2
5 + 2	3 + 2	8 – 3	8 – 4
4 + 2	7 + 2	7 – 5	5 – 5

3

4

2 – 2	1 + 6	8 – 5	2 + 8
6 – 4	2 + 6	9 – 6	3 + 7
7 – 3	3 + 5	7 – 6	6 + 0
4 – 3	4 + 5	6 – 3	5 + 5

5

5 + 3	8 – 0	3 + 7	9 – 9
3 + 5	8 – 8	7 + 3	9 – 8
6 + 4	7 – 0	5 + 5	9 – 1
4 + 6	7 – 7	0 + 5	9 – 0

Rechengeschichten

1

2

3

4

Umkehraufgaben

1

2

3

3 + 1	5 + 1	7 + 2	4 + 3
4 − 1	6 − 1	9 − 2	7 − 3

4

6 + 3	7 + 3	8 + 2	5 + 4
9 − 3	10 − 3	10 − 2	9 − 4

5

2 + 6	6 + 4	3 + 2	3 + 5
8 − 6	10 − 4	5 − 2	8 − 5

Verwandte Aufgaben

1

4 + 2 =
2 + 4 =

2

4 + 3	6 + 2	5 + 3	7 + 0
3 + 4	2 + 6	3 + 5	0 + 7

3

3 + 2 =
5 − 2 =

4

5 + 3	7 + 1	4 + 5	6 + 4
8 − 3	8 − 1	9 − 5	10 − 4

5

4 + 3	5 + 2	6 + 3	8 + 1
3 + 4	2 + 5	3 + 6	1 + 8
7 − 3	7 − 2	9 − 3	9 − 1
7 − 4	7 − 5	9 − 6	9 − 8

6

3 + 1	5 + 2	7 − 0	10 − 1
3 + 2	5 + 3	7 − 1	10 − 2
3 + 3	5 + 4	7 − 2	10 − 3
3 + 4	5 + 5	7 − 3	10 − 4

7

4 + 2	6 + 1	8 − 2	9 − 0
4 + 3	6 + 2	8 − 3	9 − 1
4 + 4	6 + 3	8 − 4	9 − 2
4 + 5	6 + 4	8 − 5	9 − 3

Ergänzen

5 + 3 = 8

1

2

6 + ☐ = 8	4 + ☐ = 6	8 + ☐ = 10
5 + ☐ = 7	0 + ☐ = 4	7 + ☐ = 10
4 + ☐ = 6	2 + ☐ = 7	6 + ☐ = 10

3 Immer 10.

7 + 3 = 10

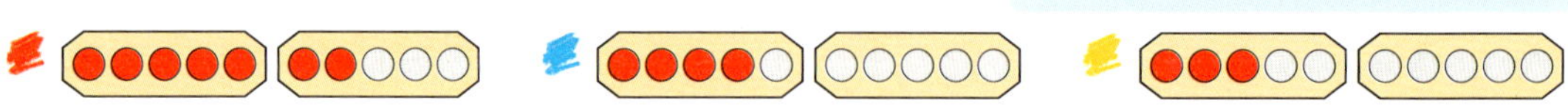

4

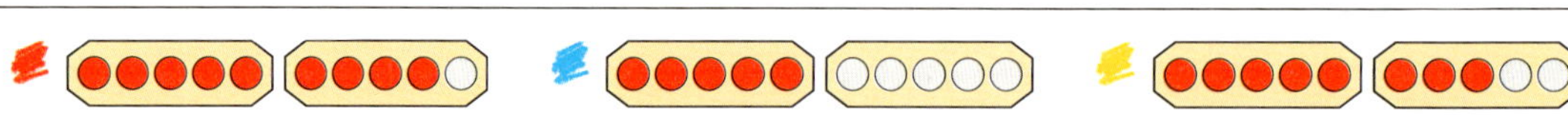

1

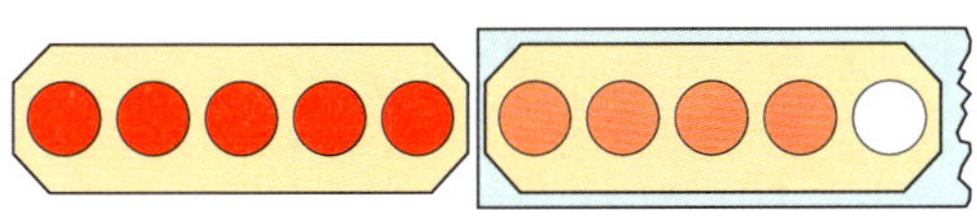

9 – □ = 5

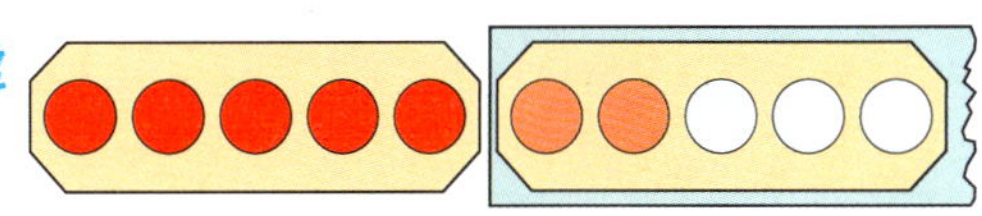

7 – □ = 5

2

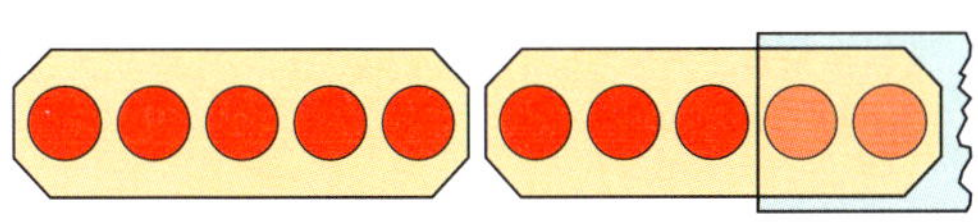

10 – □ = 8

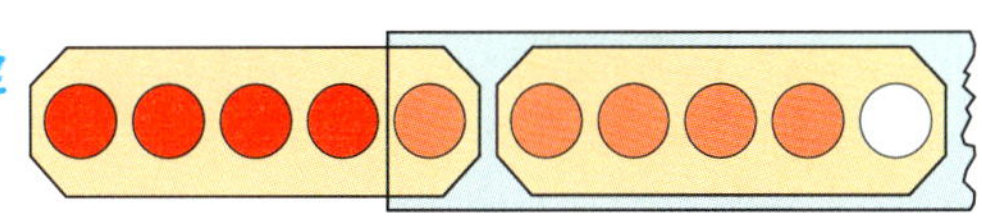

9 – □ = 4

3

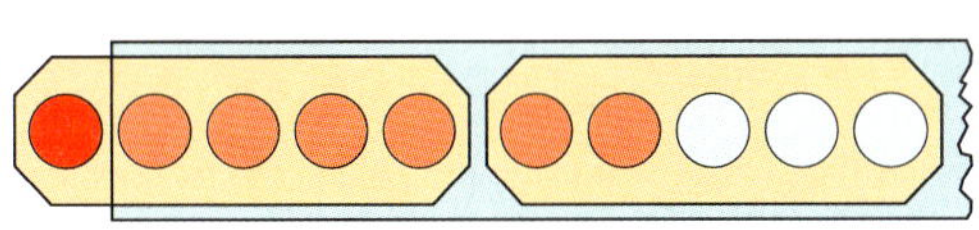

7 – □ = 1

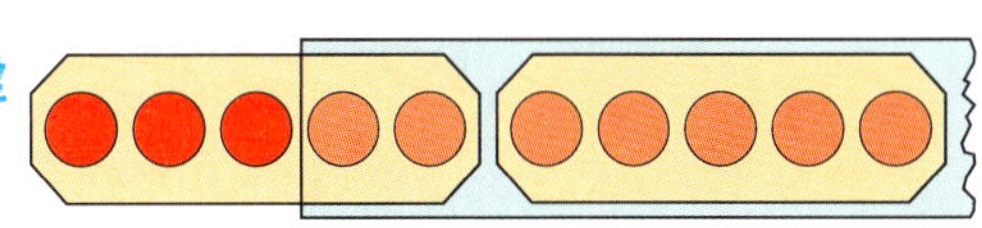

10 – □ = 3

4

6 – □ = 4
7 – □ = 2
8 – □ = 3

8 – □ = 4
9 – □ = 6
7 – □ = 5

10 – □ = 7
10 – □ = 5
10 – □ = 4

Geld

1 Lege nach.

2

3

4

1

2 + 1 = 3

2

3

4

2 + 2 + 1 =

5

Verdoppeln

1

4 + 4 =

2

3

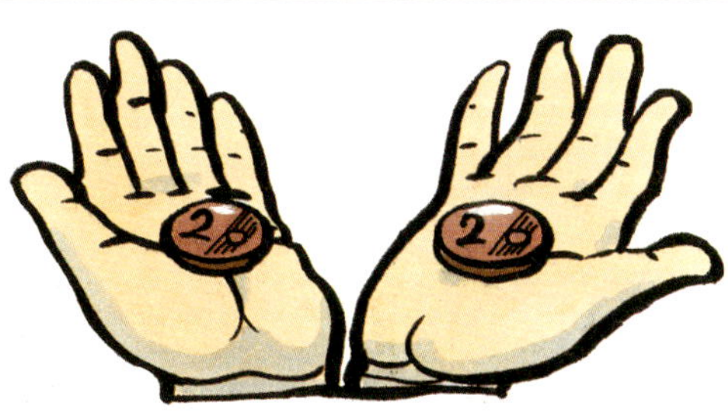

4

3 + 3	5 + 5	2 + 2	1 + 1
4 + 4	1 + 1	0 + 0	5 + 5
2 + 2	2 + 2	4 + 4	3 + 3

Halbieren

1

2

Wiederholen und Üben

1

2

6 + 2	4 + 3	5 − 3	8 − 2
5 + 1	7 + 2	9 − 3	10 − 1
3 + 3	6 + 4	8 − 4	9 − 4

3

4 + 3	7 + 2	5 + 4	6 + 3
3 + 4	2 + 7	4 + 5	3 + 6

4

4 + 2	5 + 3	6 + 1	7 + 3
6 − 2	8 − 3	7 − 1	10 − 3

5

5 + 1	7 + 2	8 + 2	6 + 3
6 − 1	9 − 2	10 − 2	9 − 3

6

3 + ☐ = 5	4 + ☐ = 6	5 + ☐ = 7	4 + ☐ = 8
2 + ☐ = 4	6 + ☐ = 8	8 + ☐ = 9	7 + ☐ = 10
5 + ☐ = 6	3 + ☐ = 6	5 + ☐ = 10	6 + ☐ = 10

7

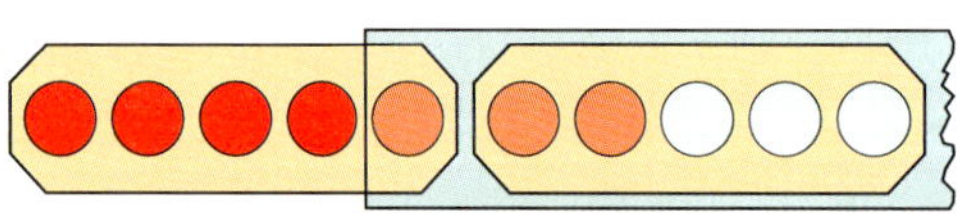

7 − ☐ = 4

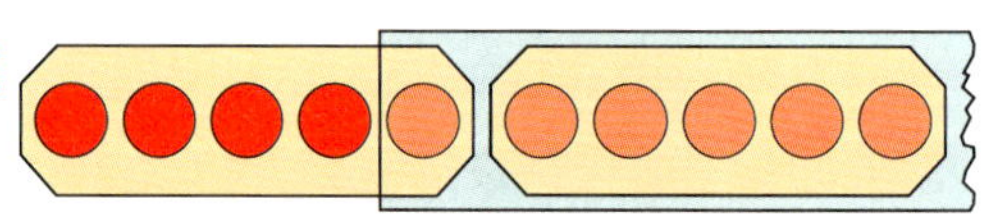

10 − ☐ = 4

8

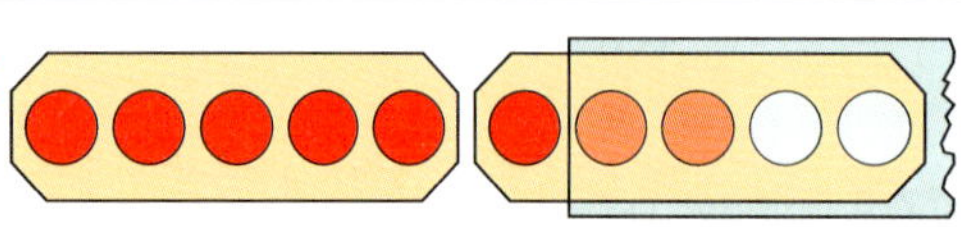

8 − ☐ = 6

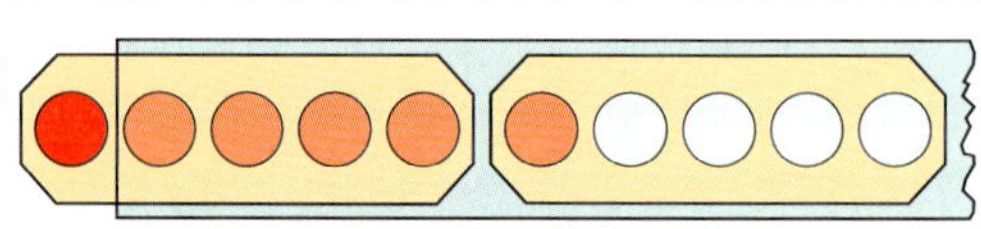

6 − ☐ = 1

9

2 + 2	4 + 4	5 + 5	3 + 3

Geometrie 1

Vor – hinter – zwischen

1 Wo sitzt das Kind?

2 Wer fehlt?

3

Über – unter – auf – neben

1 Wo ist das Kind?

2

3

4

Projekt: Figuren bauen

1

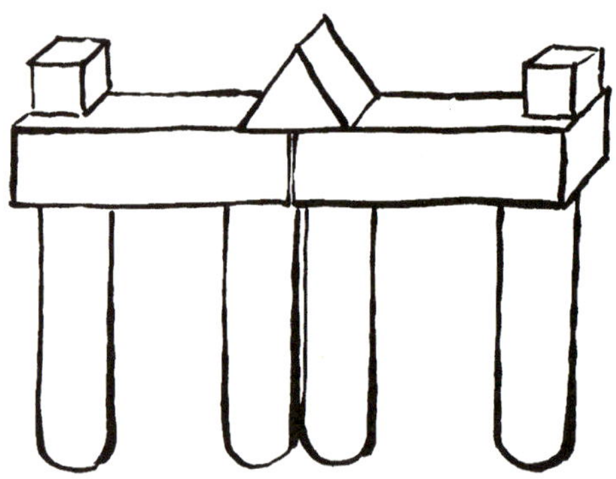

2

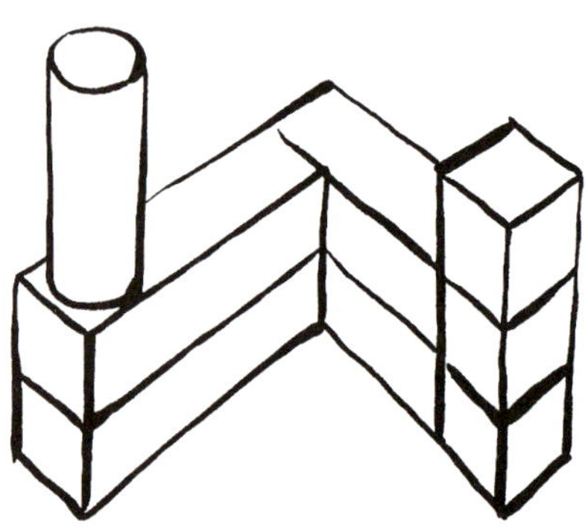

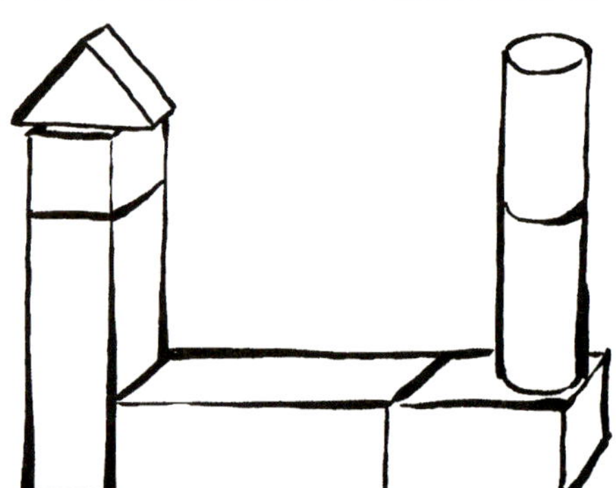

3 Baue eigene Figuren.

Mathewerkstatt: Körper herstellen

Figuren zeichnen

1 Umfahre.

2

1 Zeichne im Heft.

2

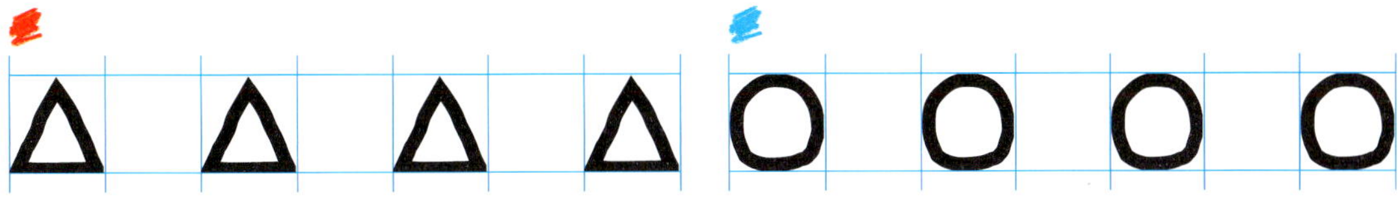

3

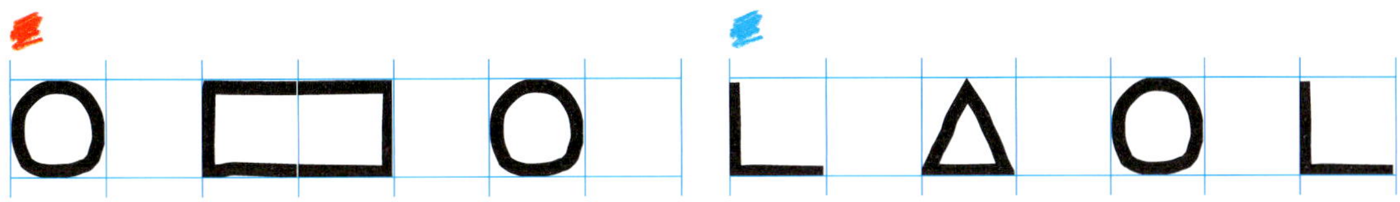

4

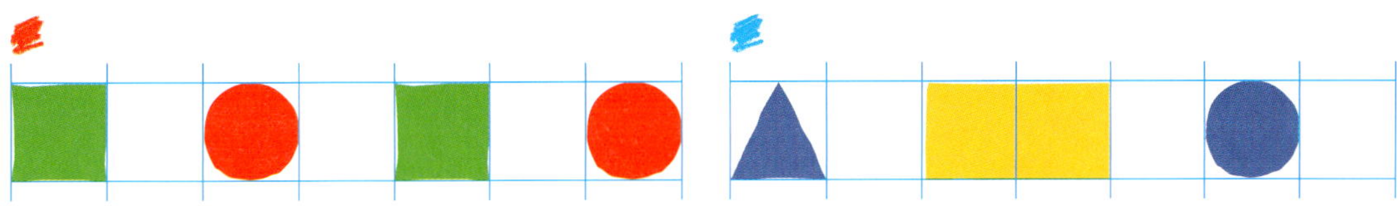

5

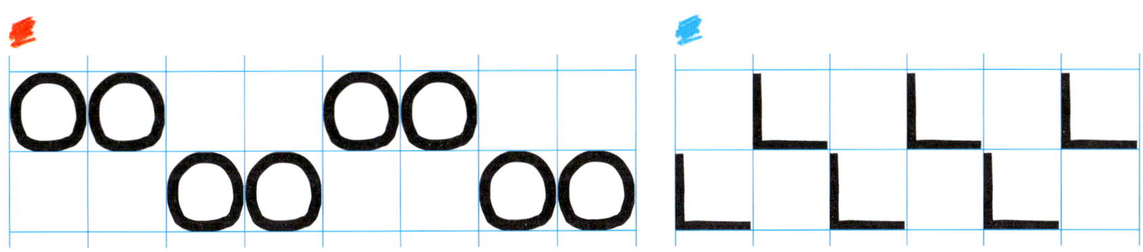

6

Wiederholen und Üben

1

2

3

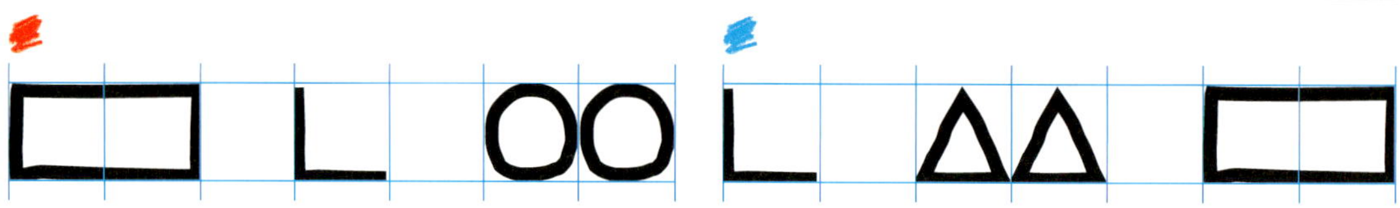

4

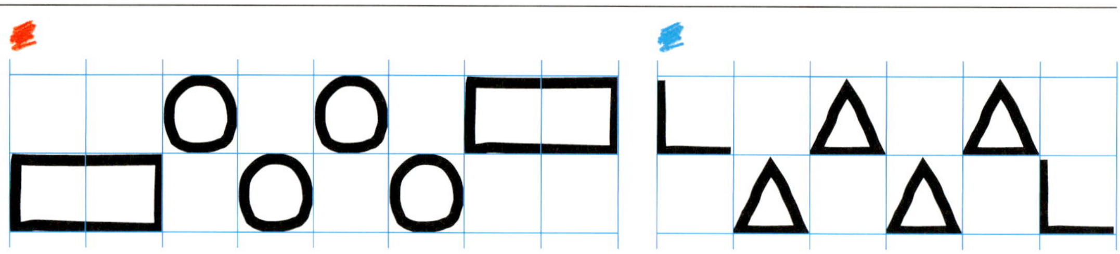

5

6

Alles paletti

1 Wie viele?

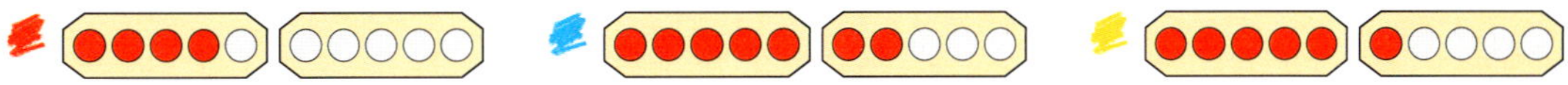

2

3

4

5

10	9		

7	6		

6	5		

6

7

5	
2	
4	

7	
6	
	3

8	
	4
1	

9	
5	
	2

Alles paletti

1 Setze ein: >, < oder =

2 Zeichne ins Heft.

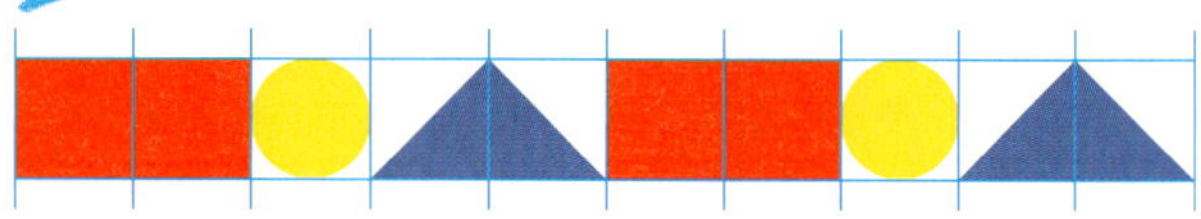

3

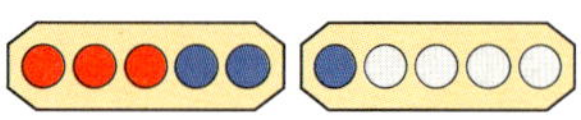

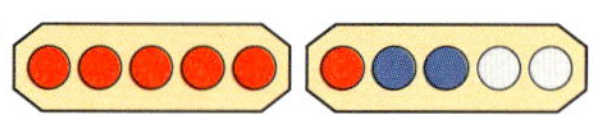

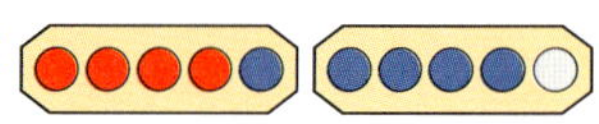

4

4 + 1	6 + 1	1 + 4	4 + 4
2 + 3	4 + 2	5 + 3	6 + 3
3 + 2	3 + 3	7 + 0	2 + 5
5 + 0	3 + 4	8 + 1	0 + 4

5

6

3 − 1	5 − 1	7 − 1	9 − 2
5 − 2	5 − 3	6 − 4	7 − 3
4 − 3	5 − 0	8 − 2	8 − 5
4 − 1	5 − 4	7 − 3	6 − 6

Wiederholung: Zahlen bis 10

Größer – kleiner – gleich

1

a) 5 > 1

a)  b)  c)  d) 

2

a)  b) 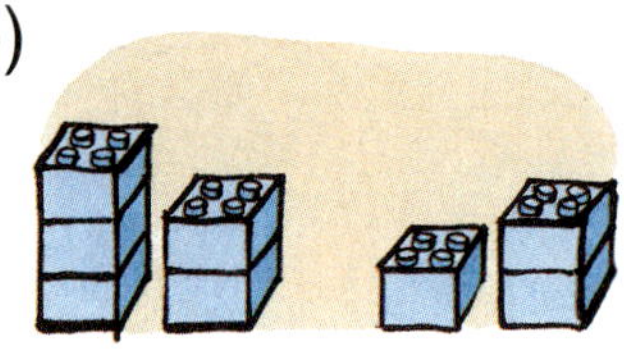 c) 

3

a)  b) 

4

a)  b)  c) 

5

a) 4 2 b) 7 9 c) 3 8 d) 1 5

Zahlenreihen

1

1 2 3 4 5 6 7 8 9 10

2

a) 4 5 6 7 8

a)

b)

3

a)

5			8		10

b)

	3			6	

4

5

a)

b)

6

a)

10		8	7		5

b)

7			4		2

Zahlen zerlegen

1

a) 

b) 

a)	7	
	3	4

2

a) 

b) 

c) 

3

a)

6	
2	
3	

b)

9	
7	
6	

c)

7	
	5
	0

d)

10	
	5
	2

6	
2	4
3	3

4

a)

8	
6	
	5

b)

10	
7	
	4

c)

7	
4	
	2

d)

9	
5	
	1

e)

10	
0	
	6

5

a) 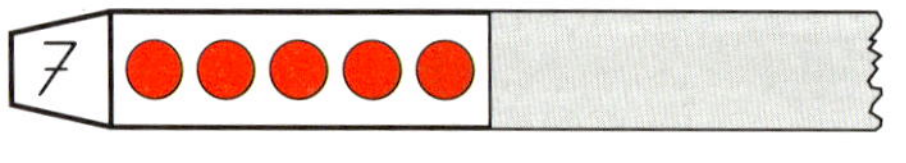

a) 7 = 5 + 2

b) 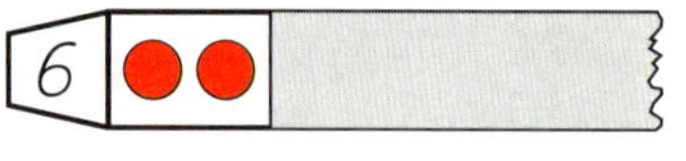

c) 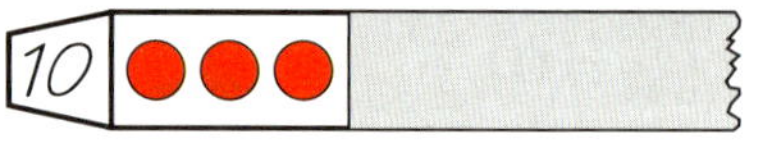

6

a) 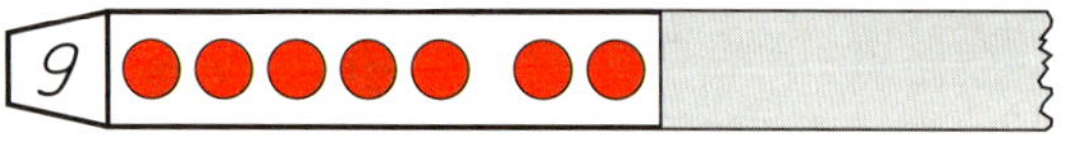

b) 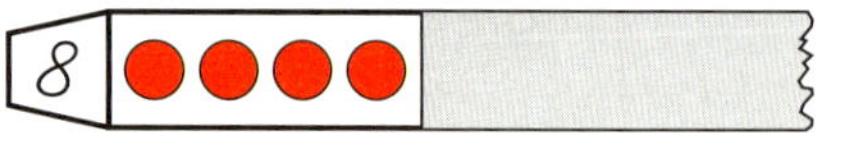

1

a) 

b) 

a) 7 = 3 + 4

2

a) 

b) 

3

a) 

b) 

4

a) 

b) 

Addieren

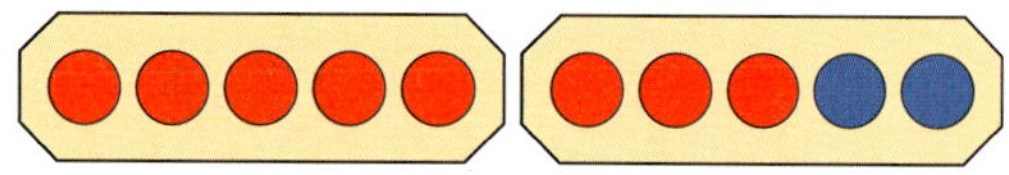

8 + 2 = 10

1

a) 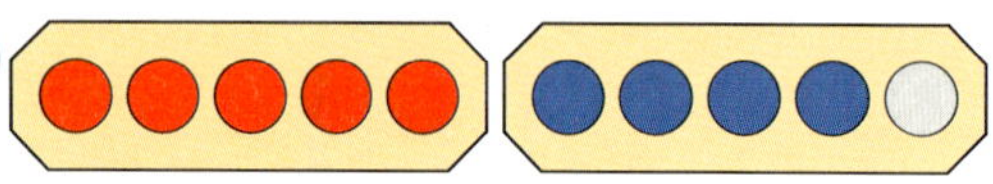

b) 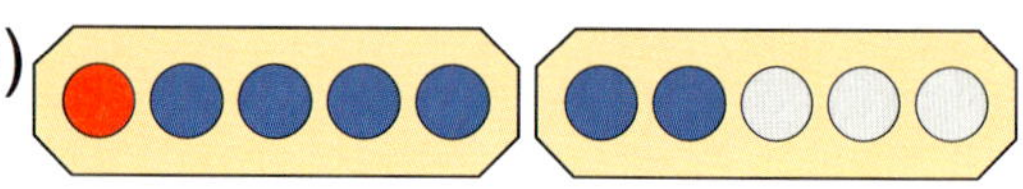

2

a) 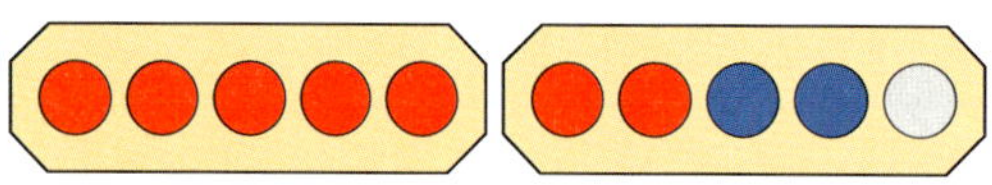

b) 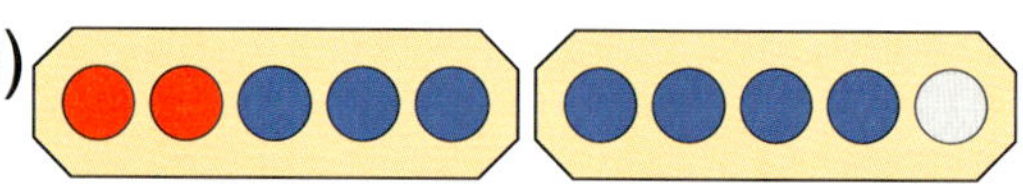

3

a)	b)	c)	d)
6 + 3	4 + 4	3 + 5	2 + 6
4 + 2	3 + 3	4 + 5	6 + 2
7 + 0	3 + 6	5 + 5	6 + 0
5 + 3	4 + 6	1 + 5	4 + 3

4

a)	b)	c)	d)
1 + 6	8 + 2	1 + 9	1 + 7
5 + 2	2 + 8	9 + 1	0 + 6
2 + 7	2 + 0	6 + 3	2 + 5
3 + 7	0 + 8	3 + 6	1 + 8

5

a) 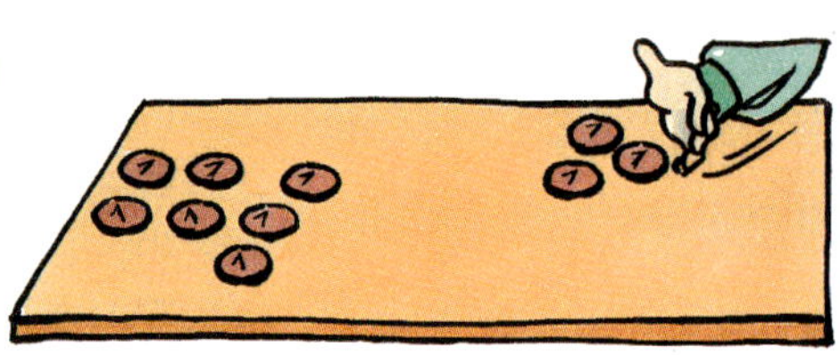

b) 

Subtrahieren

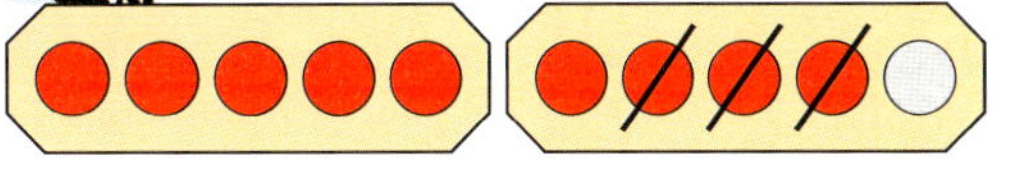

9 – 3 = 6

1

a) 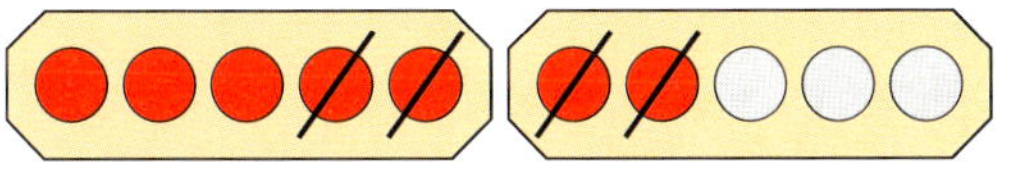 b) 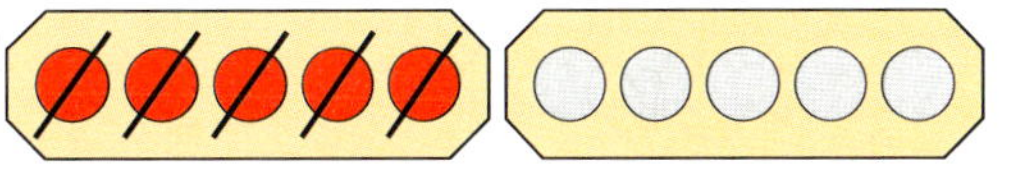

2

a) 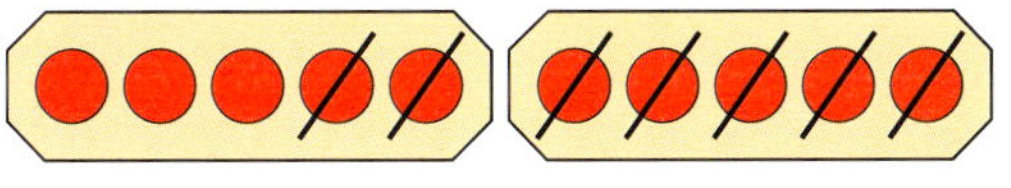 b) 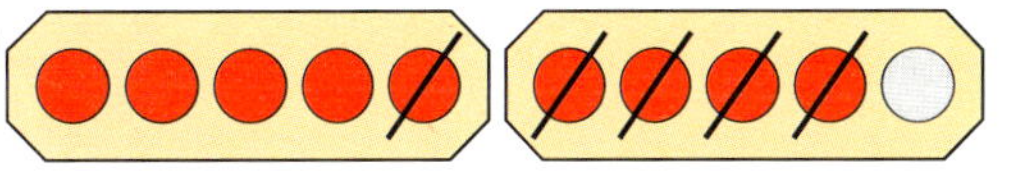

3

a)	b)	c)	d)
4 – 2	7 – 3	8 – 1	9 – 5
6 – 0	3 – 3	8 – 2	9 – 6
5 – 4	10 – 4	8 – 3	9 – 7
4 – 3	6 – 4	8 – 4	9 – 8

4

a)	b)	c)	d)
7 – 4	9 – 4	5 – 3	6 – 6
6 – 3	10 – 5	9 – 8	7 – 6
8 – 5	8 – 3	10 – 6	8 – 6
9 – 6	7 – 2	8 – 8	9 – 6

5

a)  b) 

Verwandte Aufgaben

7 + 3 = 10
3 + 7 = 10

1

a) 6 + 2
2 + 6

b) 4 + 3
3 + 4

c) 5 + 1
1 + 5

d) 7 + 3
3 + 7

2

4 + 3 =
7 − 3 =

3

a) 4 + 2
6 − 2

b) 8 + 1
9 − 1

c) 6 + 3
9 − 3

d) 5 + 5
10 − 5

4

a) 5 + 3
3 + 5
8 − 3
8 − 5

b) 7 + 2
2 + 7
9 − 2
9 − 7

c) 4 + 3
3 + 4
7 − 3
7 − 4

d) 8 + 2
2 + 8
10 − 2
10 − 8

5

a) 6 + 1
6 + 2
6 + 3
6 + 4

b) 4 + 2
4 + 3
4 + 4
4 + 5

c) 9 − 0
9 − 1
9 − 2
9 − 3

d) 10 − 1
10 − 2
10 − 3
10 − 4

Ergänzen

7 + 2 = 9

1 a) b) c)

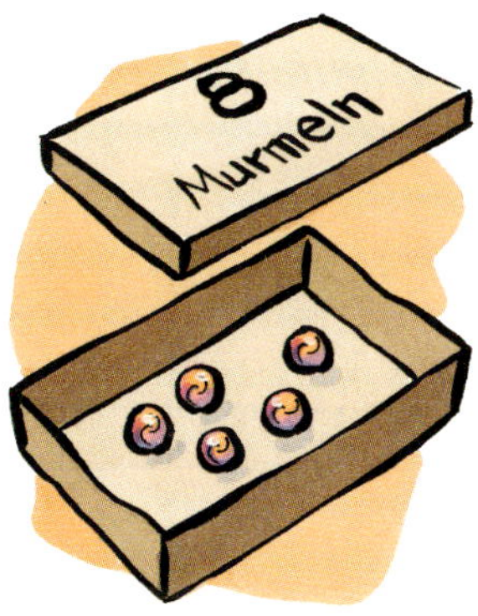

2

a) 4 + □ = 8
6 + □ = 7
3 + □ = 9

b) 2 + □ = 6
0 + □ = 5
5 + □ = 7

c) 9 + □ = 9
6 + □ = 8
8 + □ = 10

3

a)

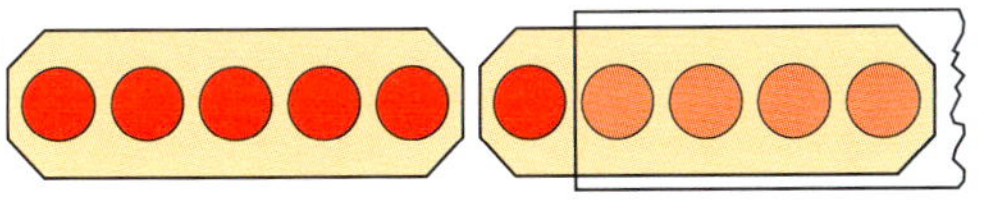

10 – □ = 6

b)

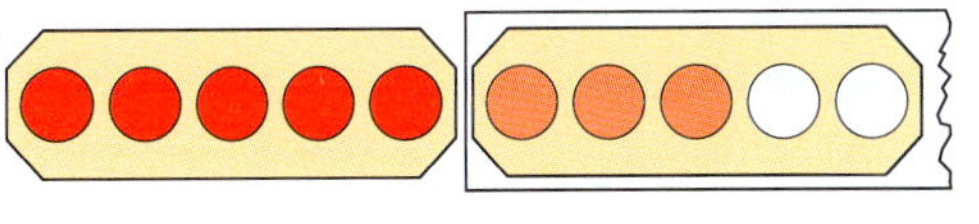

8 – □ = 5

4

a)

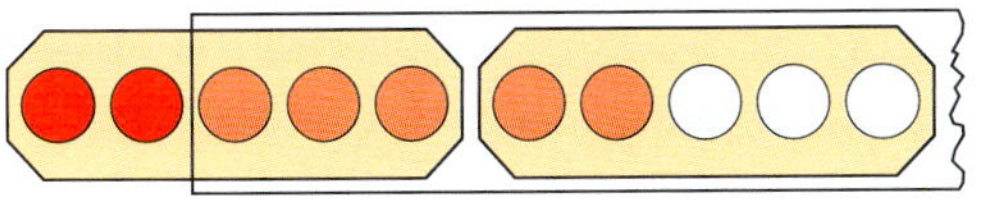

7 – □ = 2

b)

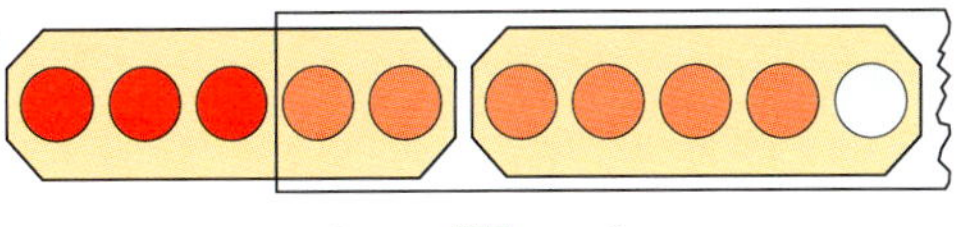

9 – □ = 3

Ergänzen bis 10

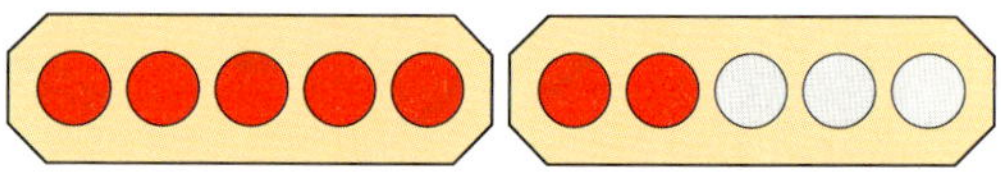

7 + 3 = 10

1

a) 

b) 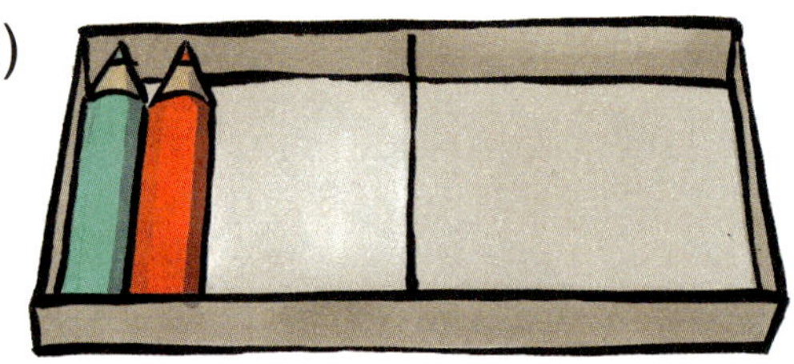

2 Immer 10.

a) 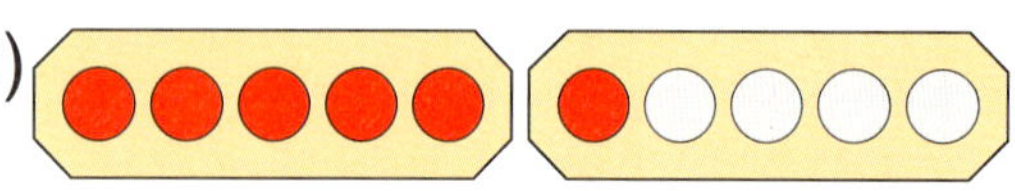

b) 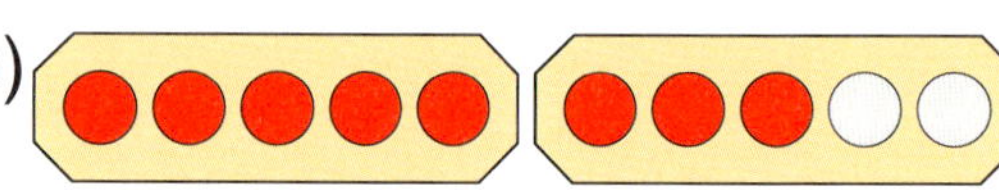

3

a) 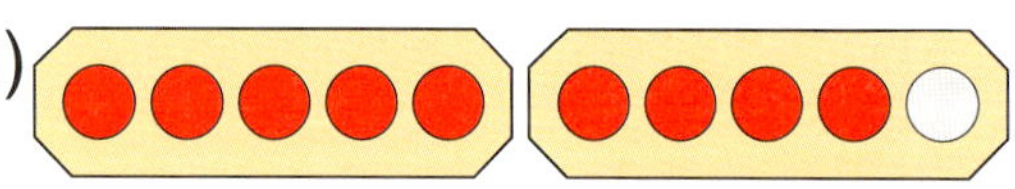

b) 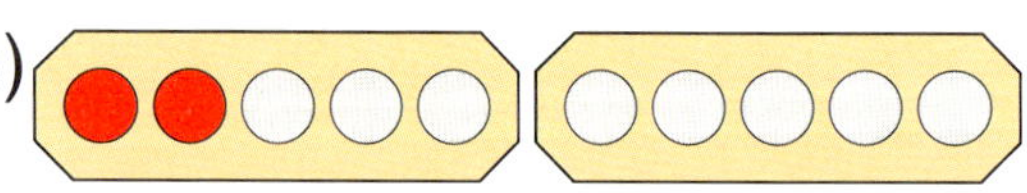

4

a) 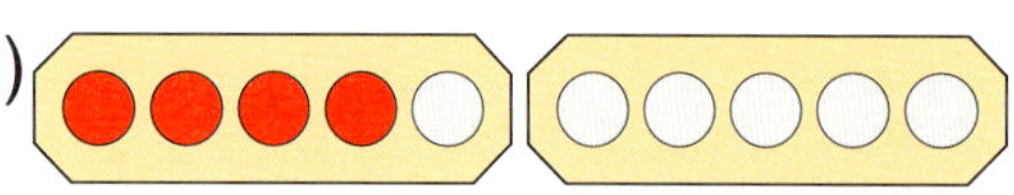

b) 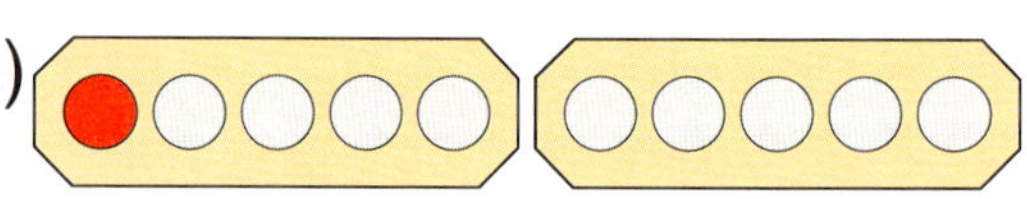

5

a)	b)	c)	d)
7 + ☐ = 10	5 + ☐ = 10	1 + ☐ = 10	2 + ☐ = 10
8 + ☐ = 10	4 + ☐ = 10	3 + ☐ = 10	7 + ☐ = 10
9 + ☐ = 10	6 + ☐ = 10	0 + ☐ = 10	6 + ☐ = 10

1 a) 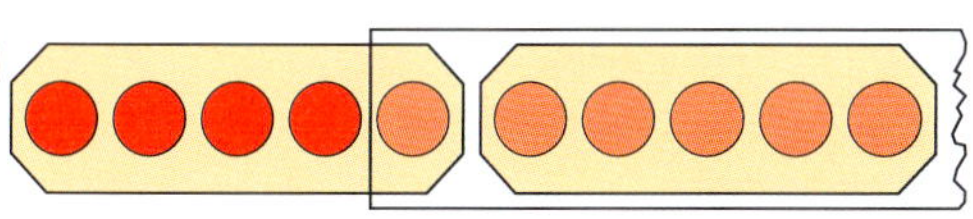 b) 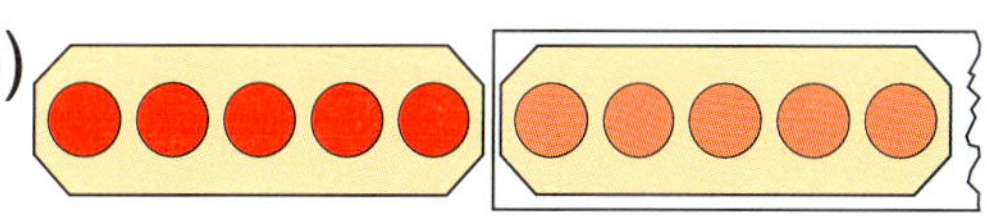

2 a) 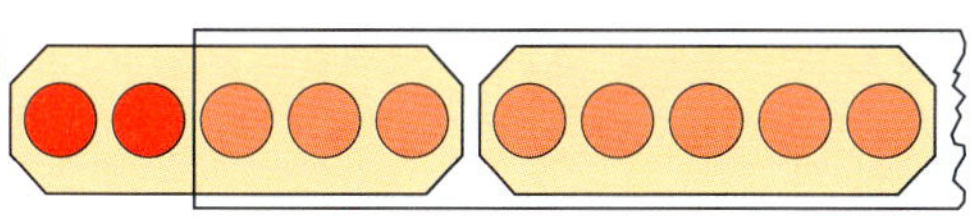 b) 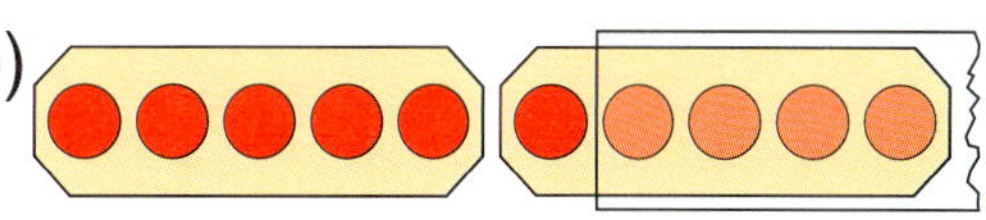

3 a) 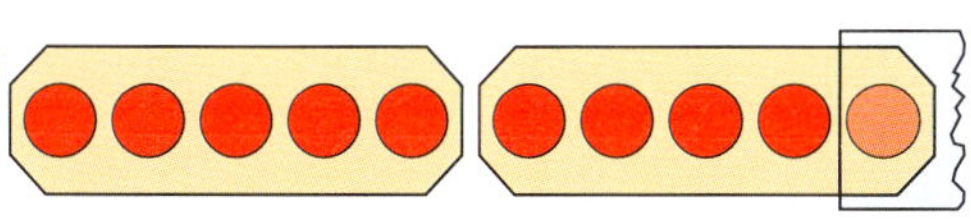 b) 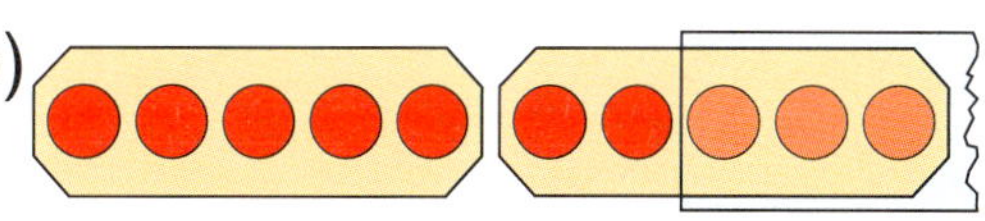

4 a) 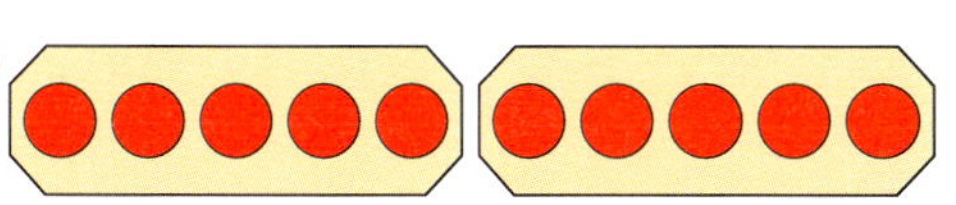 b) 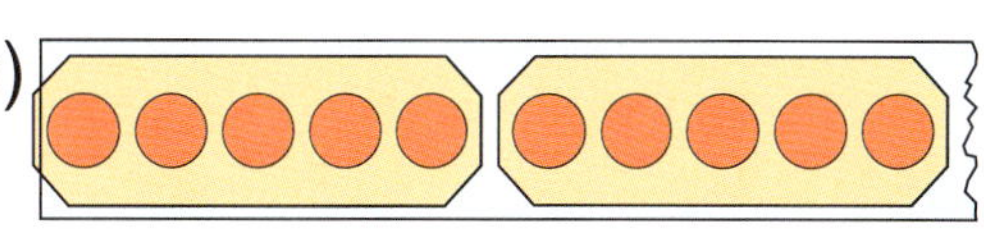

5

a)	b)	c)	d)
10 – ☐ = 9	10 – ☐ = 4	10 – ☐ = 2	10 – ☐ = 6
10 – ☐ = 8	10 – ☐ = 10	10 – ☐ = 5	10 – ☐ = 0
10 – ☐ = 7	10 – ☐ = 1	10 – ☐ = 3	10 – ☐ = 4

Wiederholen und Üben

1 a)

b)

2 a)

9		7			4

b)

5			8	9	

3 Setze ein: >, < oder =

a)

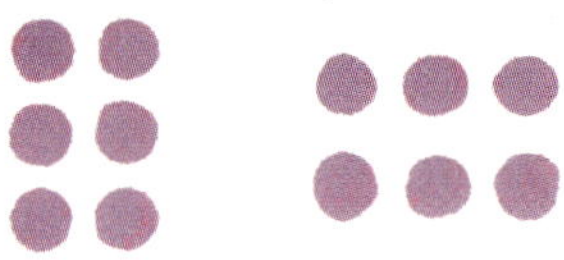

b)

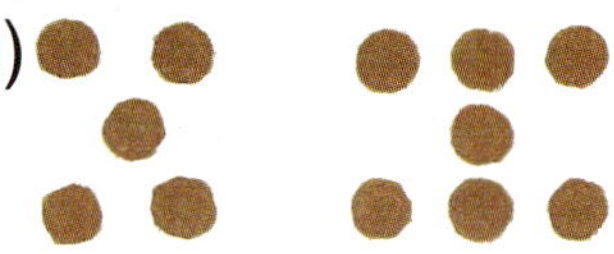

c)

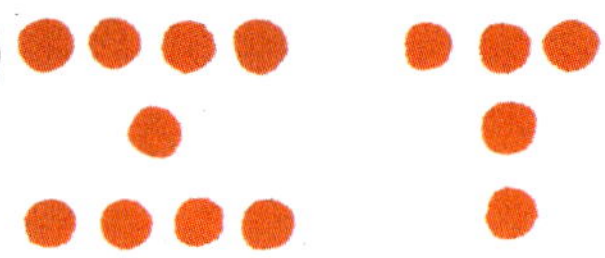

4 a)

b)

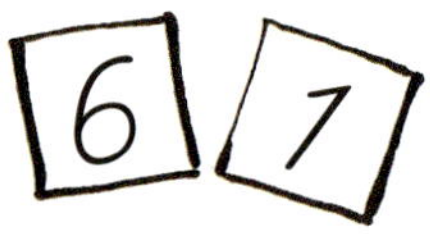

c)

d)

5 a)

b)

c)

6 a)

b)

7

a) 8 + 2
4 + 5

b) 9 – 7
6 – 6

c) 3 + 4
3 + 6

d) 8 – 6
10 – 6

8 Immer 10.

a)

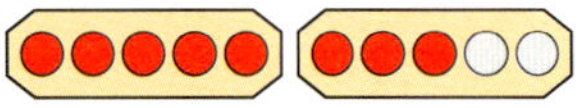

b)

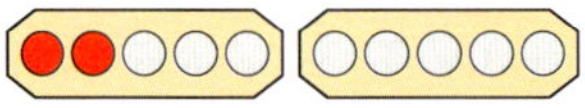

c)

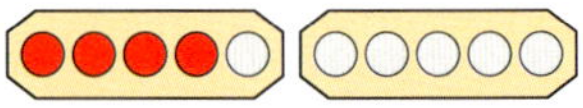

Zahlen bis 20

Bündeln

1

2

3

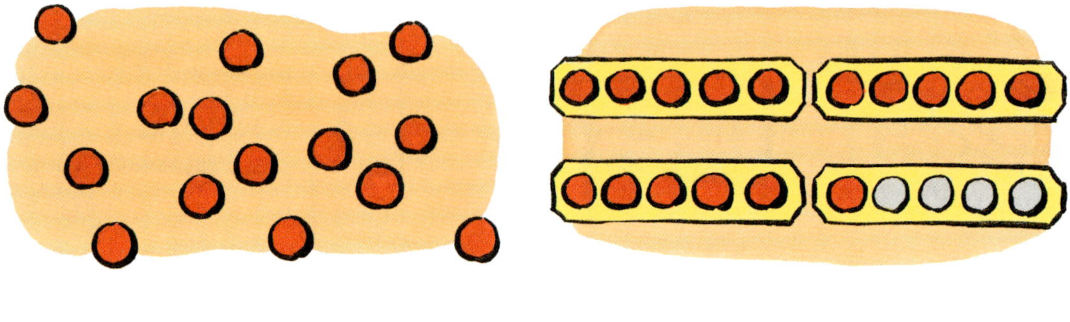

Zahlen von 11 bis 20

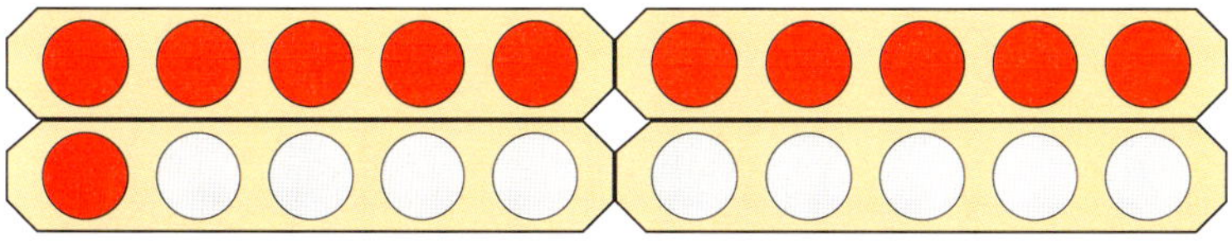
11

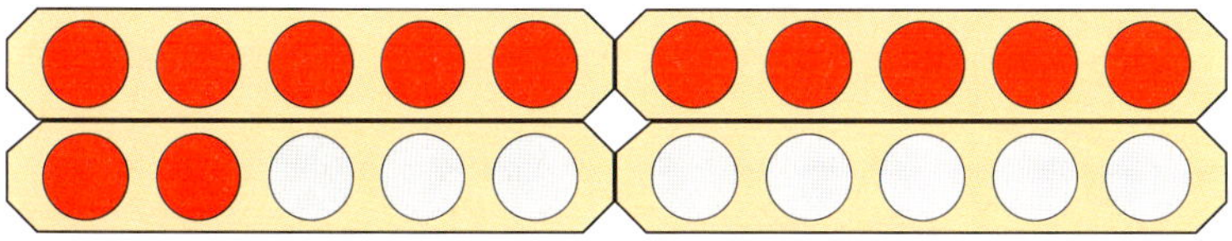
12

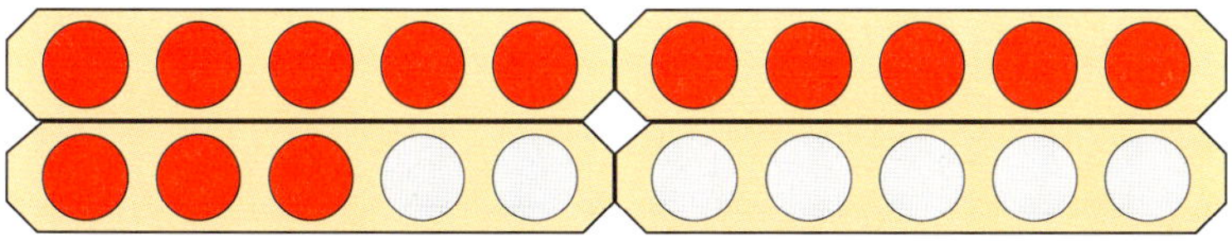
13

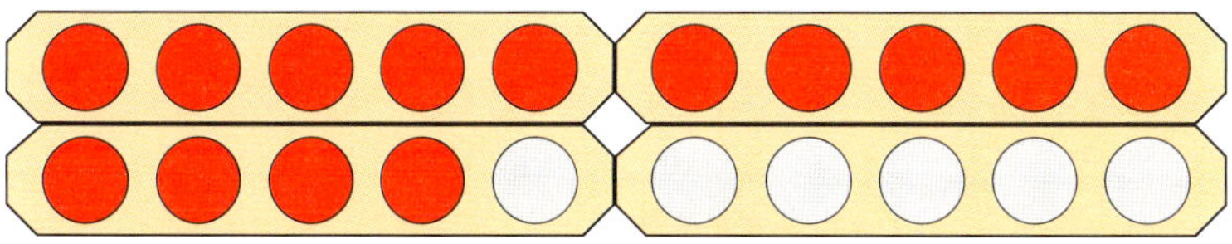
14

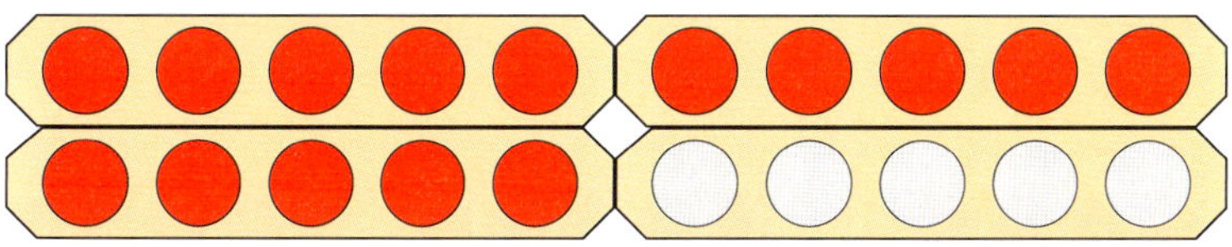
15

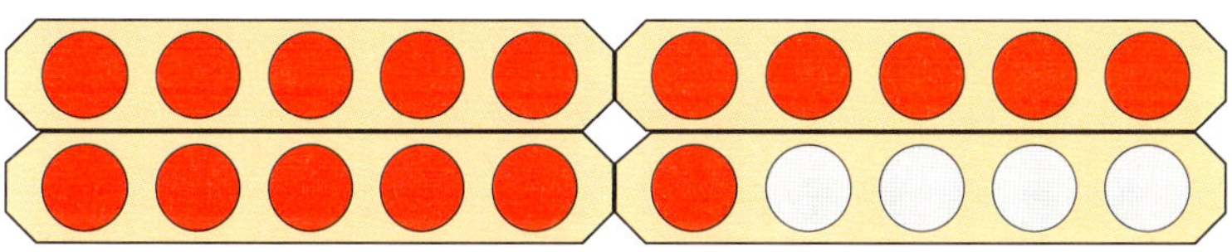
16

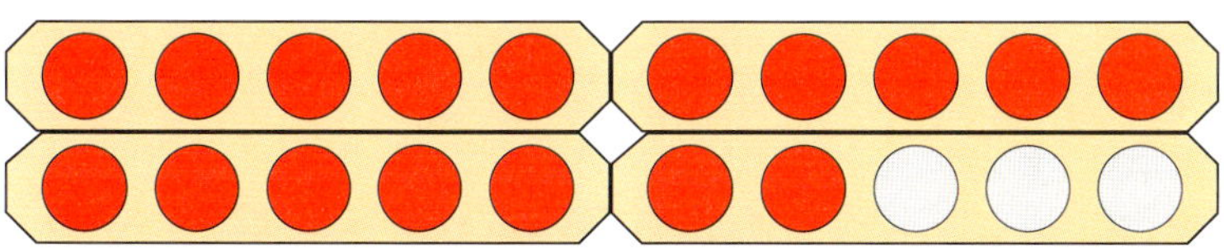
17

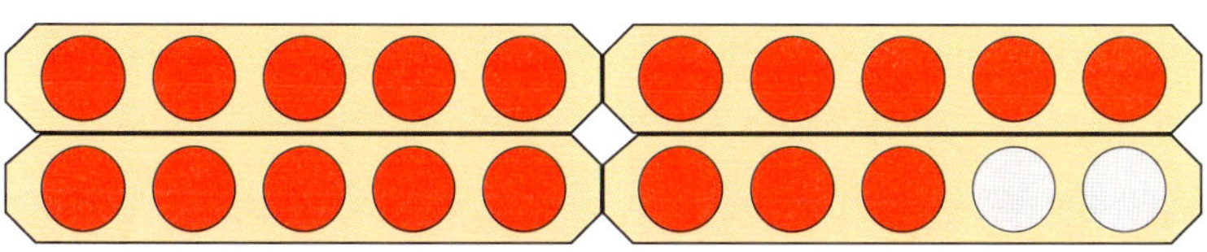
18

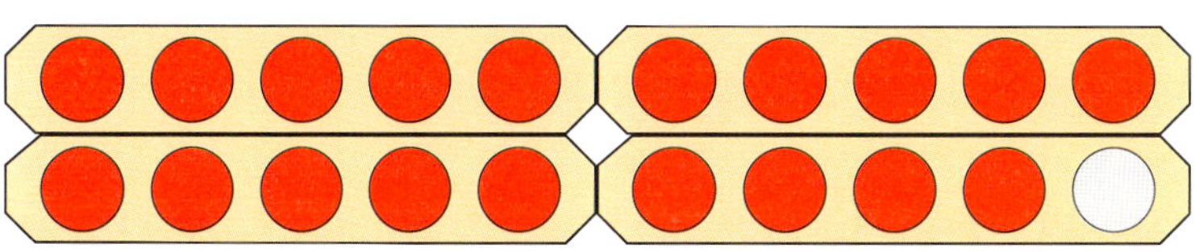
19

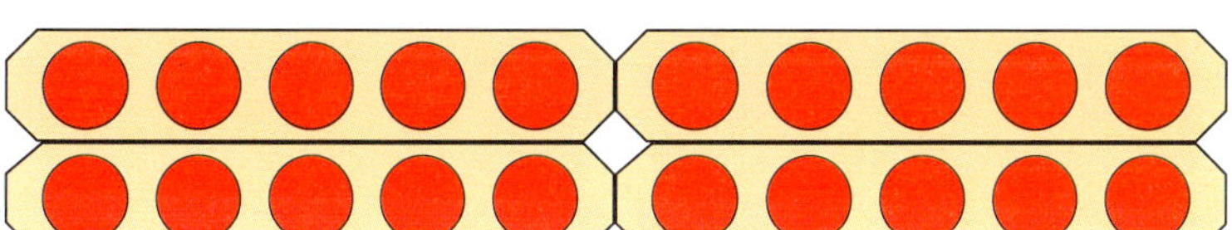
20

Zahlen bis 20 in den Rechenschiffchen

1

a) 1 3

a) 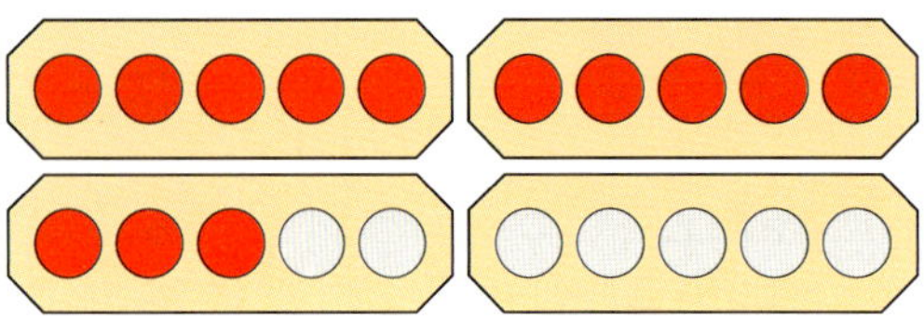 b) 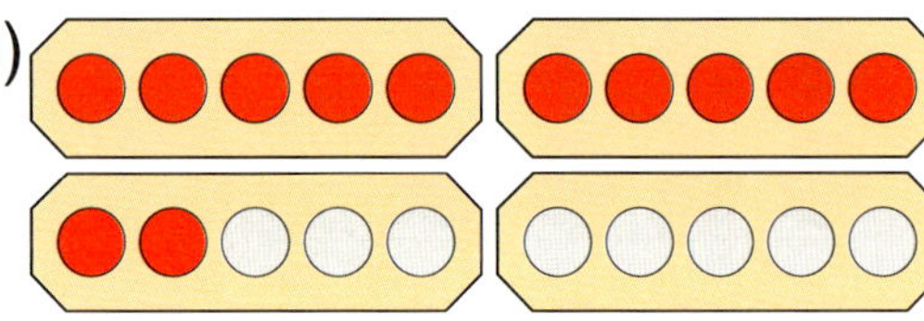

2

a) 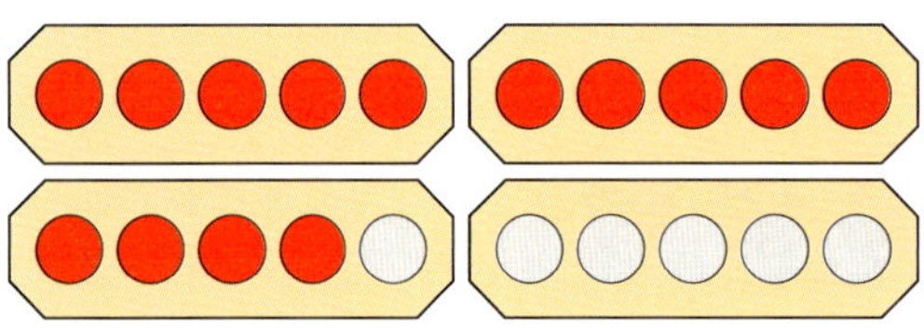 b) 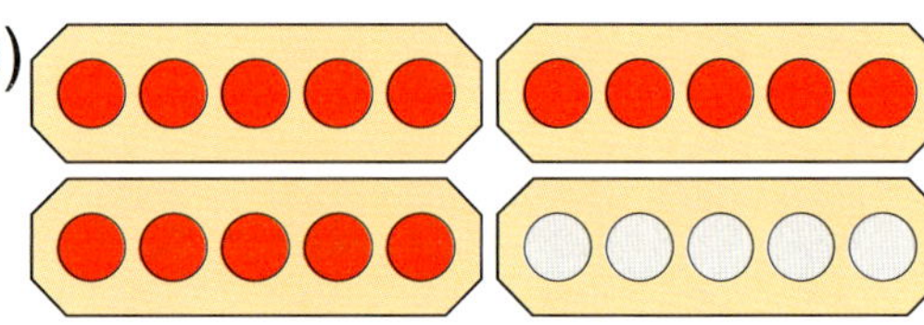

3

a) 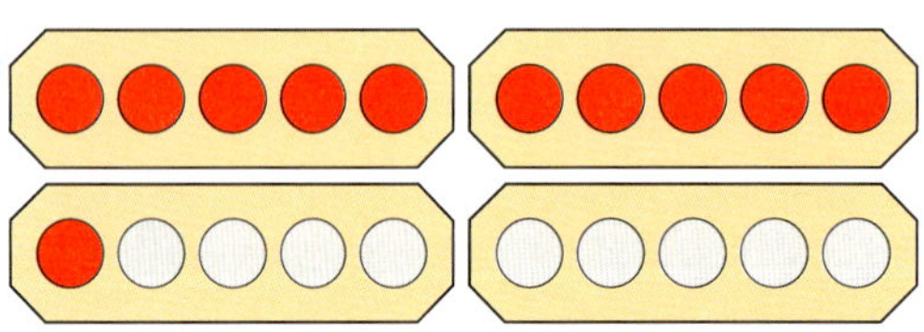 b) 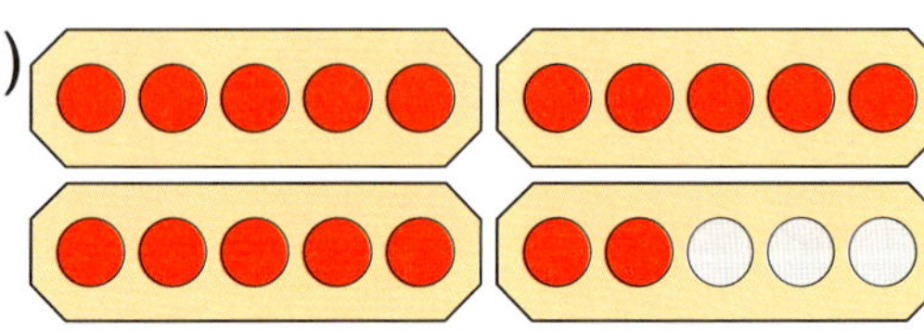

4

a) 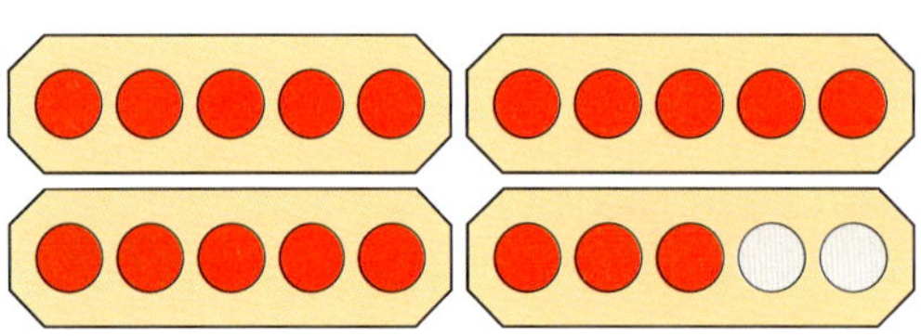 b) 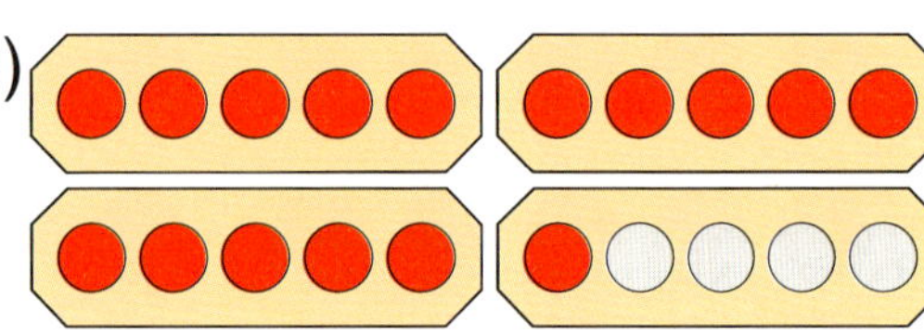

5

a) 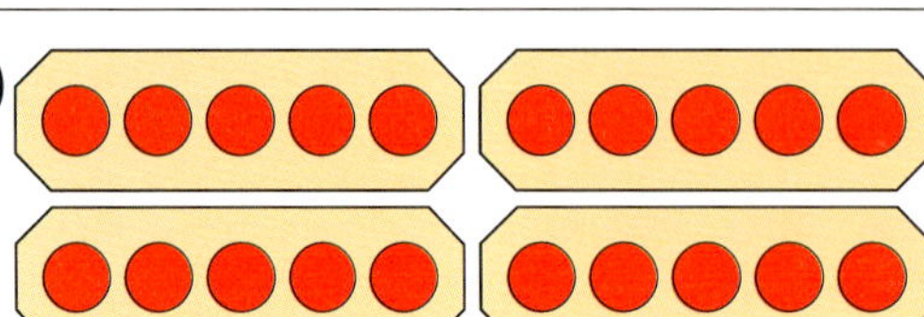 b) 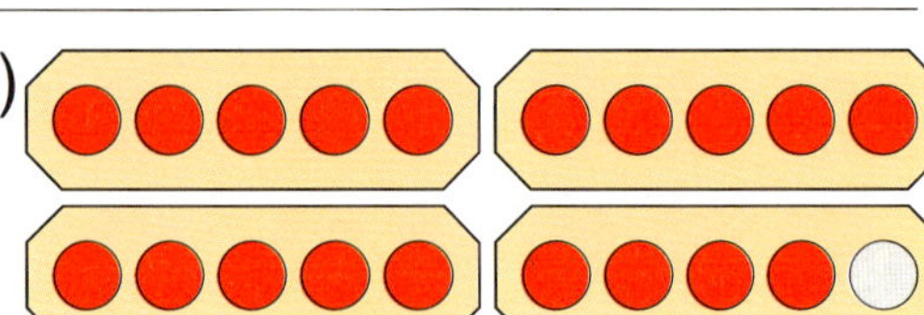

1 Lege in den Rechenschiffchen.

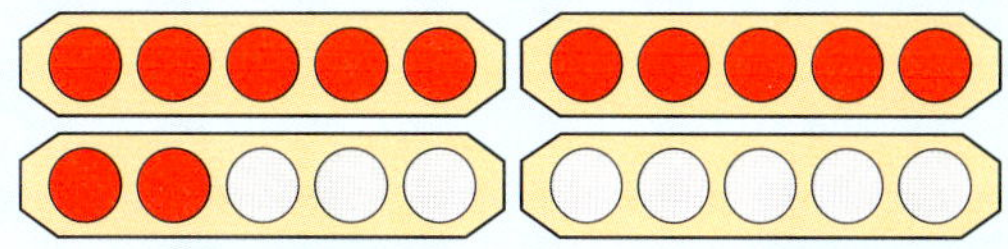

12 15 19 17

2

10 14 13 20

3 Lege.

a) 16 b) 20 c) 14 d) 11 e) 19 f) 10
12 15 17 8 13 9

4

a) 10 + 3 = 13

a) 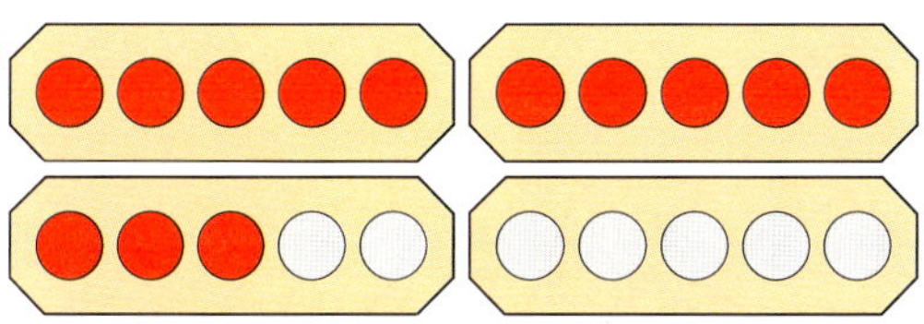 b) 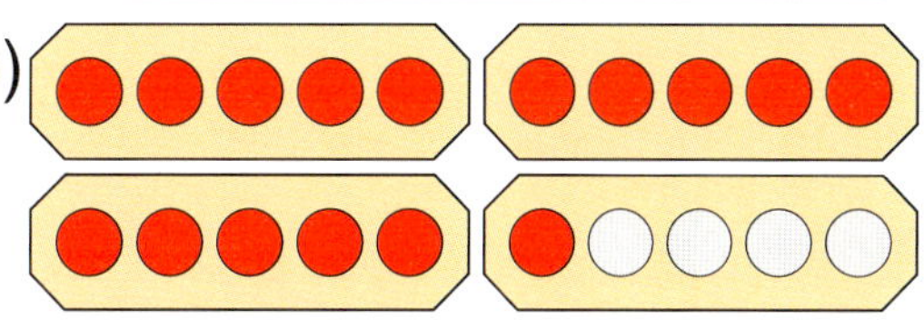

5

a) 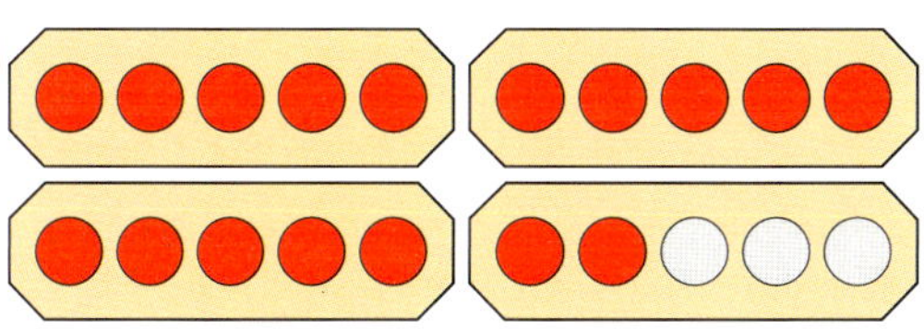 b) 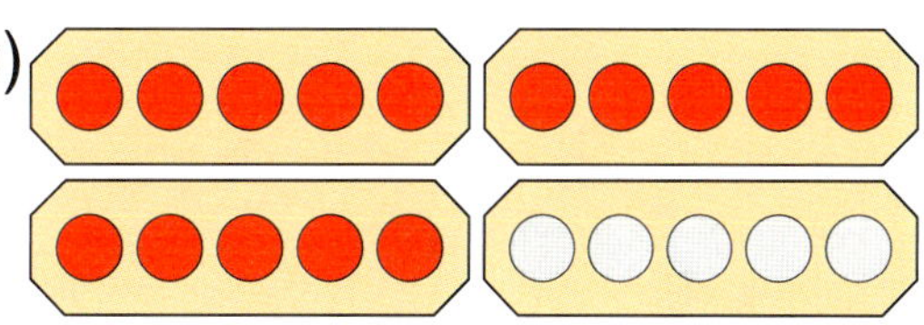

6

a) 10 + 4 = 14

a) 14 b) 12 c) 15 d) 13

7

a) 10 + 3 b) 10 + 5 c) 10 + 2 d) 10 + 7
10 + 1 10 + 6 10 + 4 10 + 9

Mathewerkstatt: Memory

1 Suche.

a) b) c)

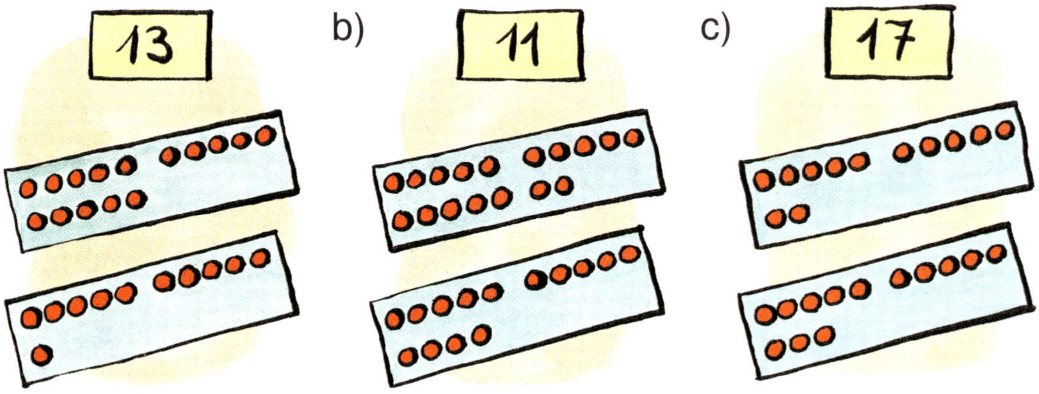

2 Suche.

a) b) c)

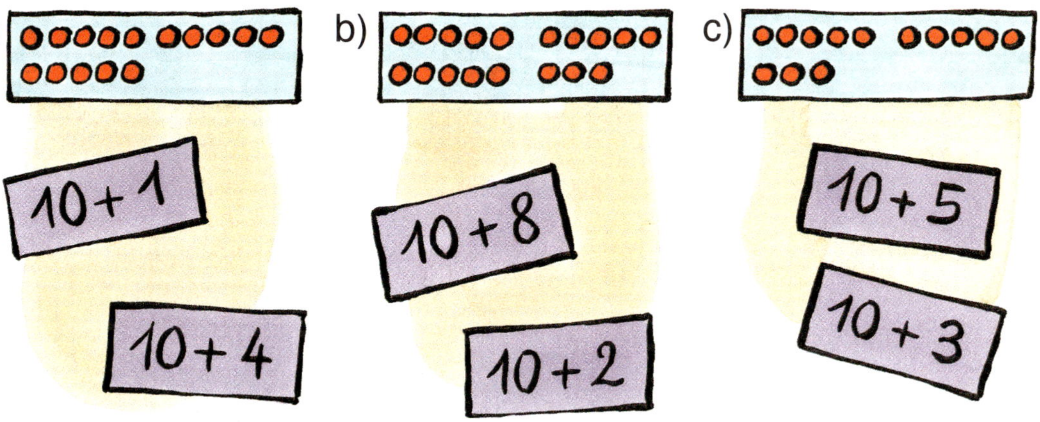

3 Suche.

a) b) c)

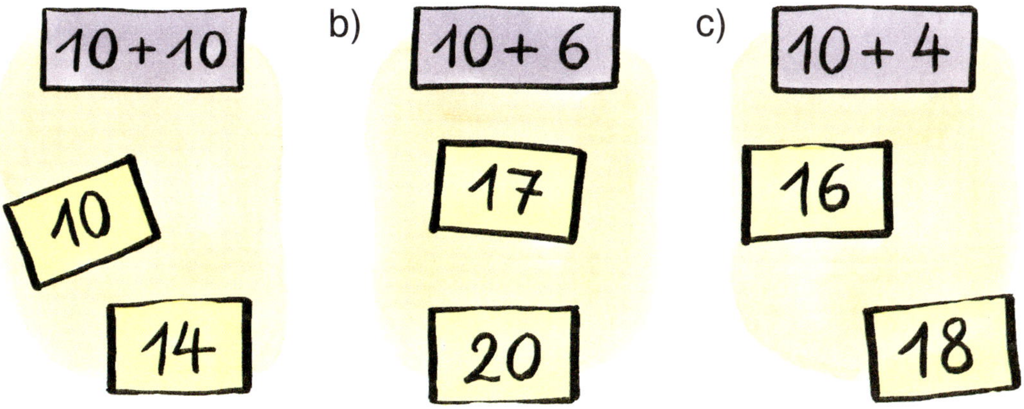

Größer – kleiner – gleich

1

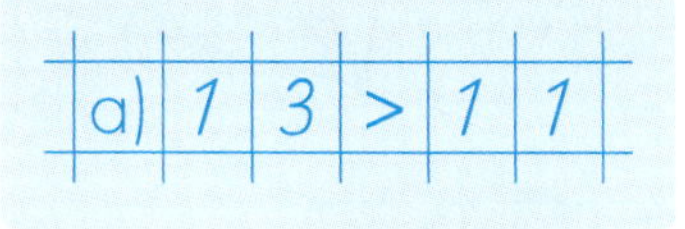

a)

b)

2 a)

b)

3 a)

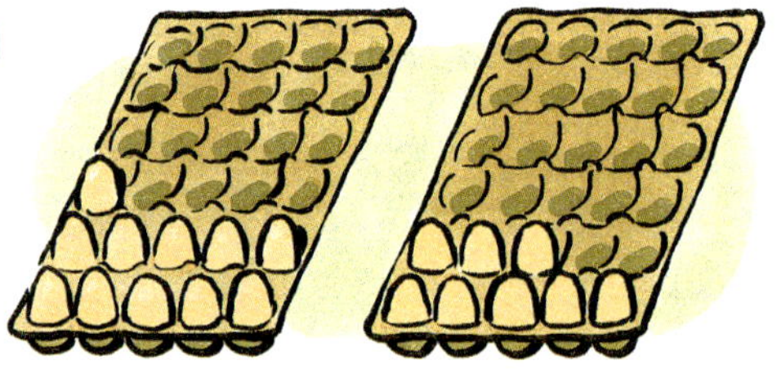

b)

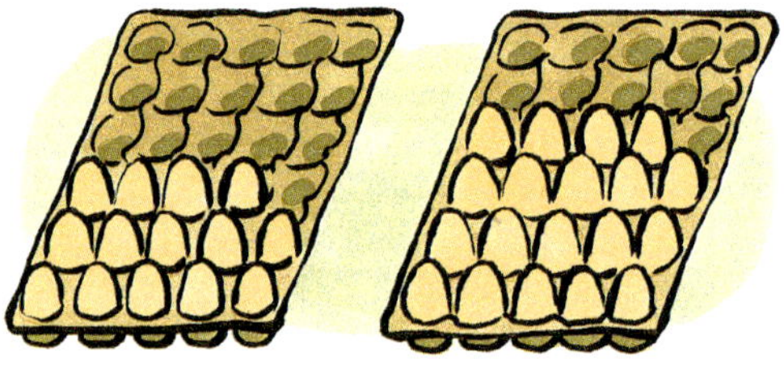

4

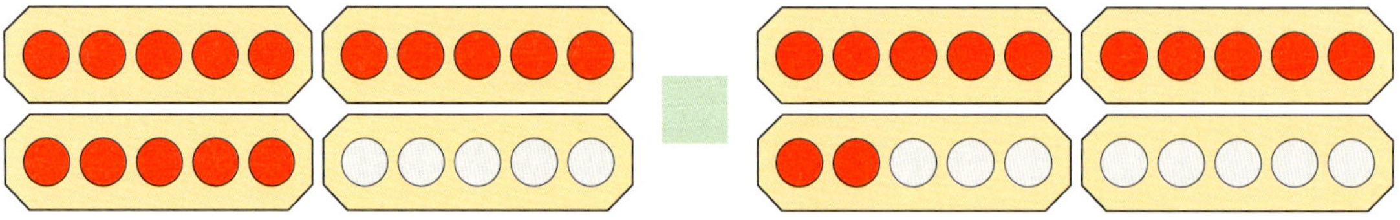

1

a) 11 < 13

a) 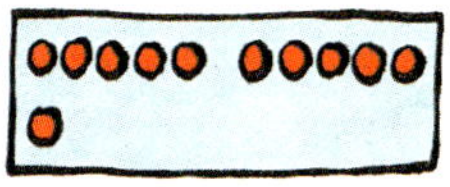 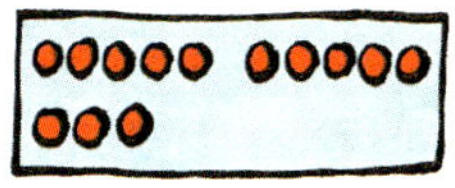 b) 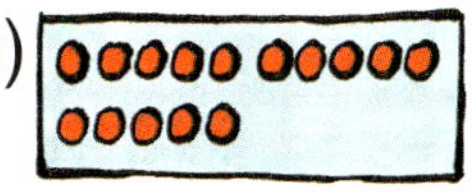 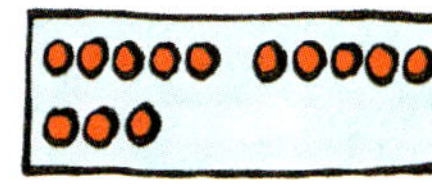

2

a) 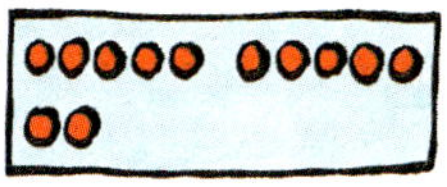 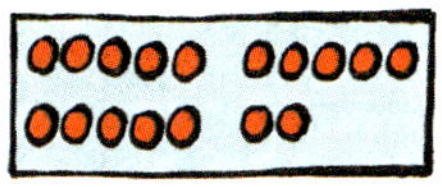 b) 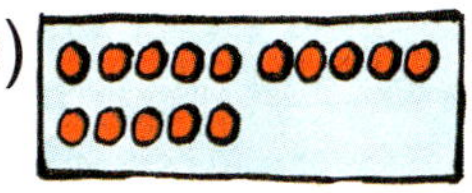 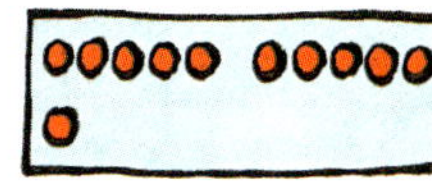

3

a) 17 12 b) 15 14

4

a) 13 16 b) 11 20

5

a) 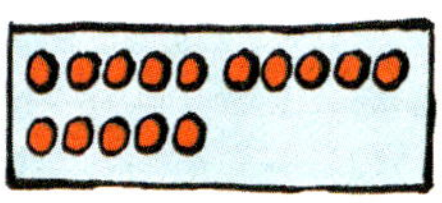 11 b) 12 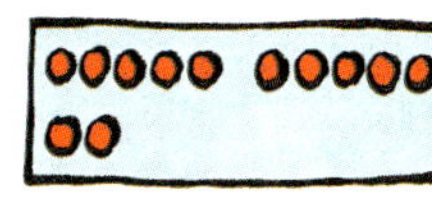

6

a) 18 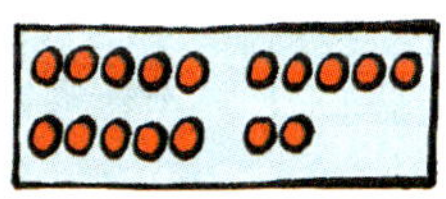 b) 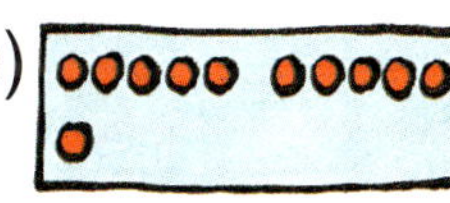 15

7

a) 13 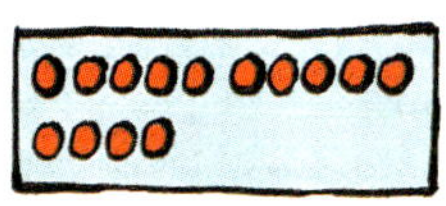 b) 17 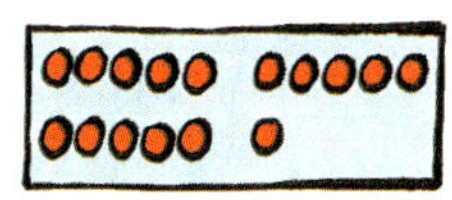

8 Setze ein: >, < oder =

a) 12 < 15

a) 12 ☐ 15	b) 17 ☐ 12	c) 12 ☐ 11	d) 9 ☐ 12
10 ☐ 12	15 ☐ 15	13 ☐ 9	7 ☐ 14

9

a) 19 ☐ 16	b) 10 ☐ 17	c) 7 ☐ 17	d) 15 ☐ 5
17 ☐ 11	13 ☐ 3	5 ☐ 15	17 ☐ 7

Zahlenreihen

1

a) 12 13 14 15

a)

b)

2 a)

b)

3 a) 10 11 ■ 13 b) 2 3 ■ 5 c) 9 10 ■ 12

4 a) 6 ■ 8 b) 9 ■ 11 c) 17 ■ 19

5 a)

b)

6 a) 11 ■ ■ 14 b) 8 ■ ■ 11 c) 17 ■ ■ 20

1 a)

b)

2 a) ■ 14 ■ b) ■ 7 ■ c) ■ 19 ■

3 a) ■ 2 ■ b) ■ 15 ■ c) ■ 16 ■

4 a) 11 12 ■ ■ ■ ■ 17 b) 13 14 ■ ■ ■ ■ 19

5 a) 20 19 18 ■ ■ ■ 14 b) 15 14 ■ ■ ■ ■ 9

6

a) 1 3 5 ■ ■ ■ ■ 15 b) 2 4 6 ■ ■ ■ ■ 16

Wiederholen und Üben

1 Wie heißt die Zahl?

a) 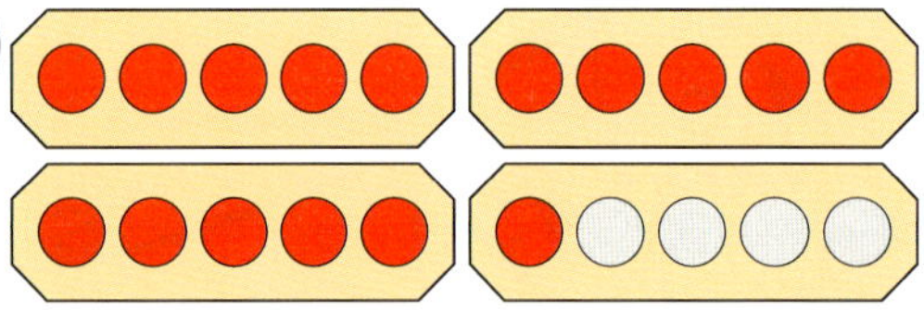

b) 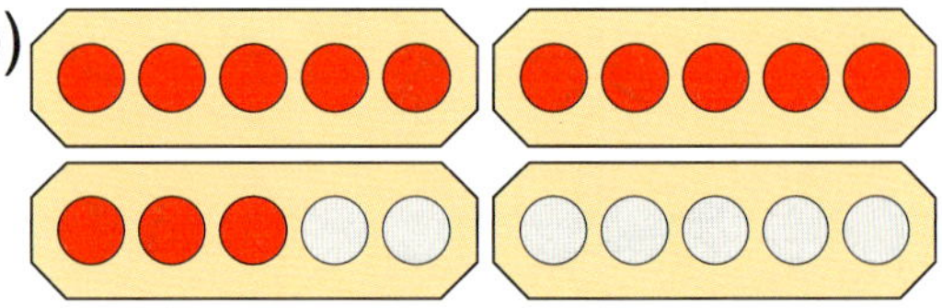

2 Lege.

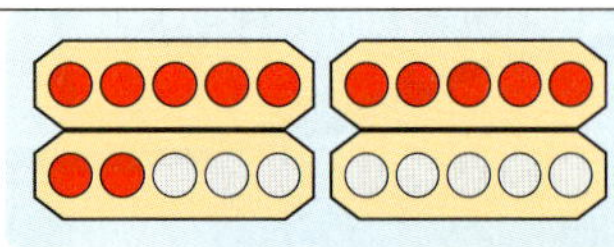

1	2

1	5

1	8

2	0

3 Setze ein: >, < oder =

a) 17 ▢ 14

b) 12 ▢ 15

4

a) 16 ▢ 18 b) 20 ▢ 19 c) 9 ▢ 17 d) 15 ▢ 15

5

a) 

b) 

6

a) 

b) 

7

a) 14 15 ▢ ▢ ▢ 19
9 10 ▢ ▢ ▢ 14

b) 10 9 ▢ ▢ 6
15 14 ▢ ▢ 11

12

Addieren ohne Zehnerübergang

10 + 3 = 13

1

a)

b)

2

a)

b)

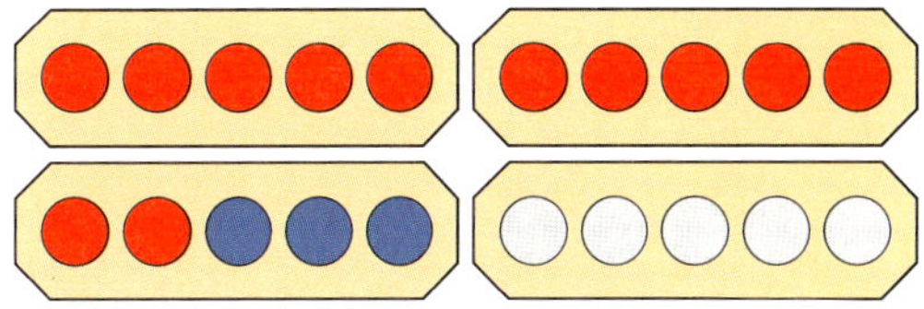

12 + 3 = 15

1 a) 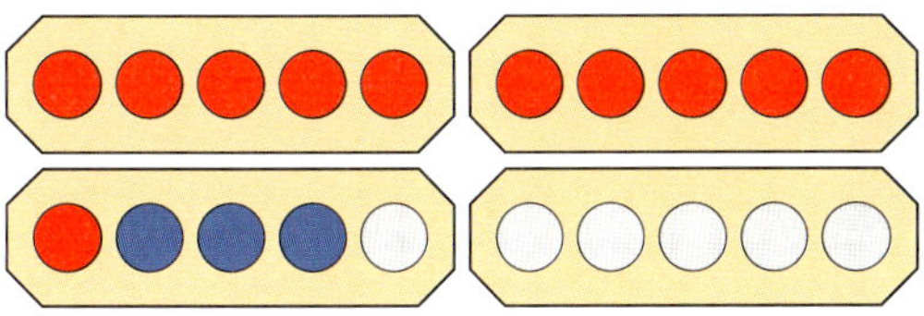 b) 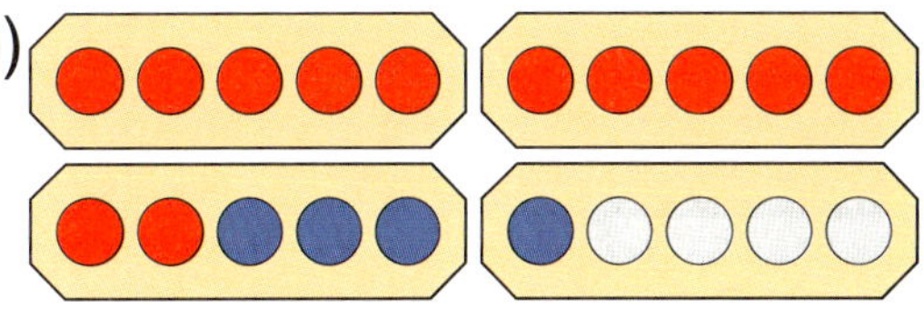

2 a)  b) 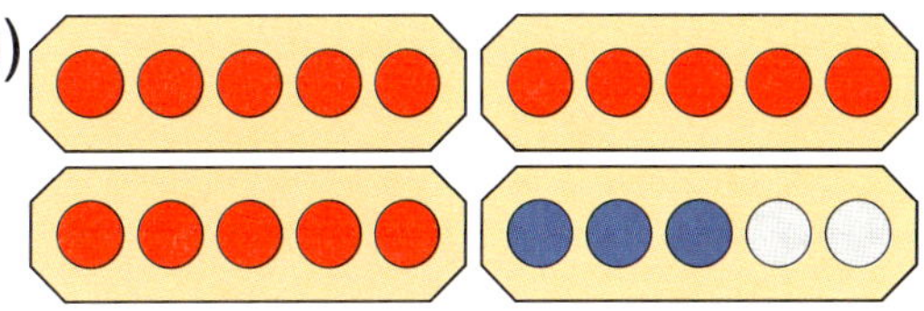

3 a) 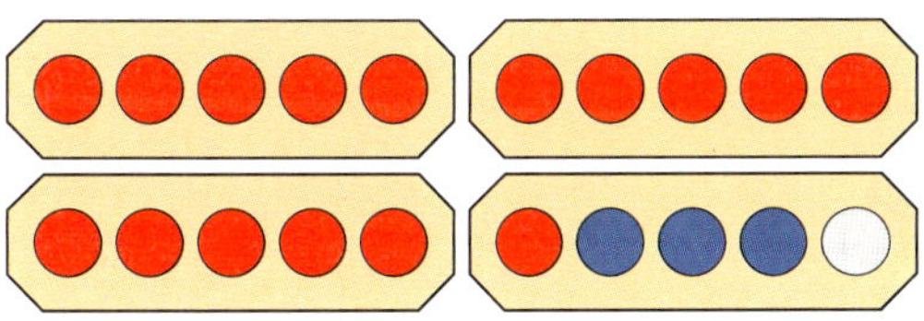 b) 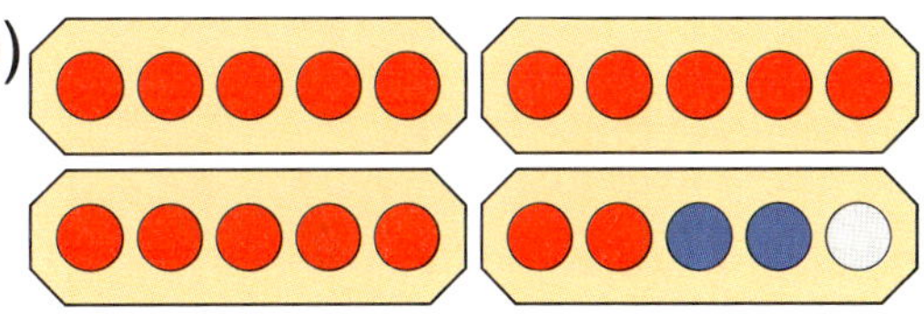

4

a)	b)	c)	d)
11 + 6	16 + 2	10 + 9	14 + 4
14 + 1	12 + 8	13 + 5	13 + 6
11 + 4	17 + 3	16 + 4	14 + 7
13 + 3	12 + 2	17 + 1	11 + 8

5 a) 

b) 

c) 

a) 14 + 2 = 16
18 + 2 =
13 + 2 =
15 + 2 =

Subtrahieren ohne Zehnerübergang

1

a)

b)

2

a)

b)

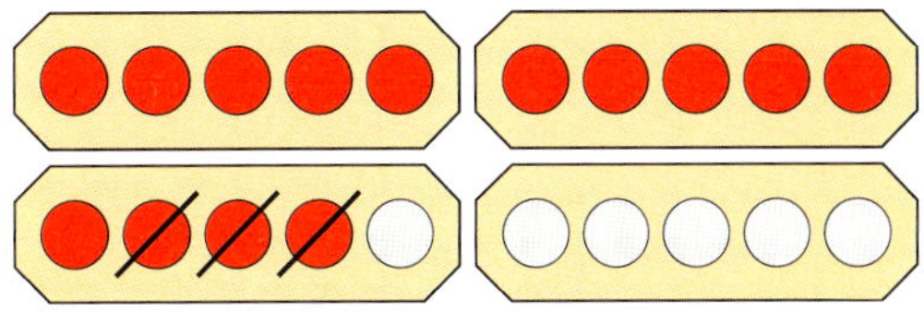

1 4 – 3 = 1 1

1 a) 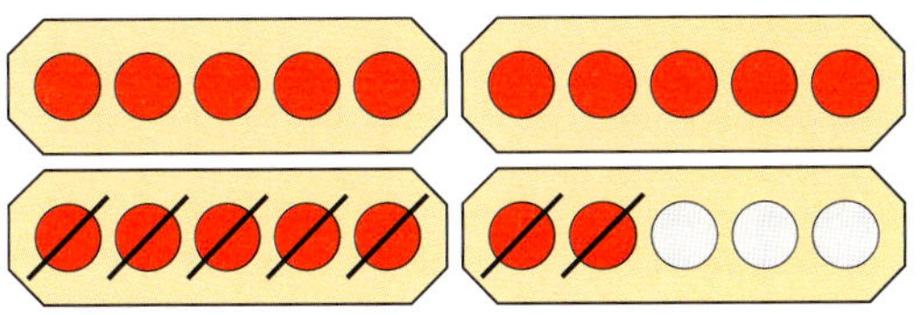 b) 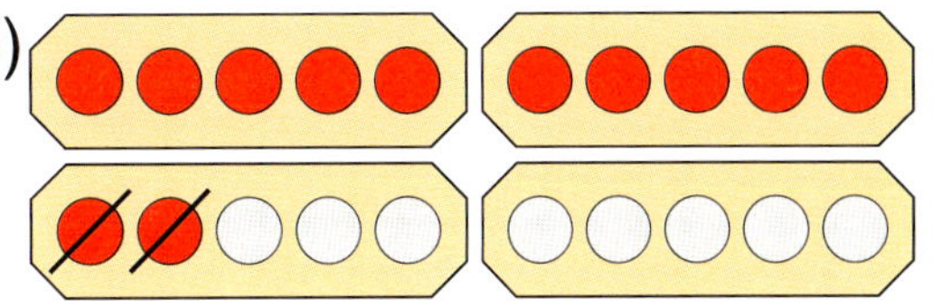

2 a) 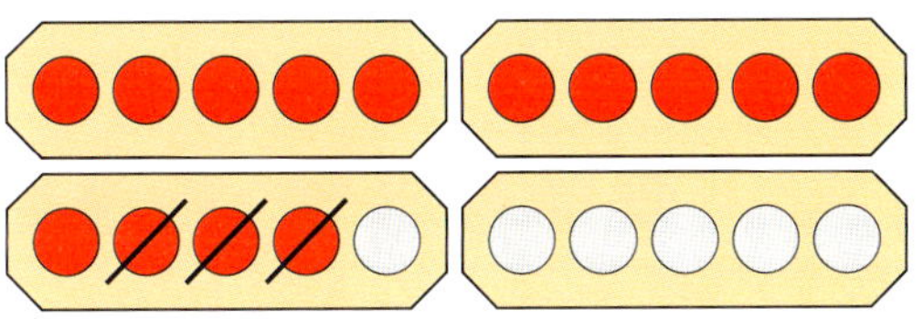 b) 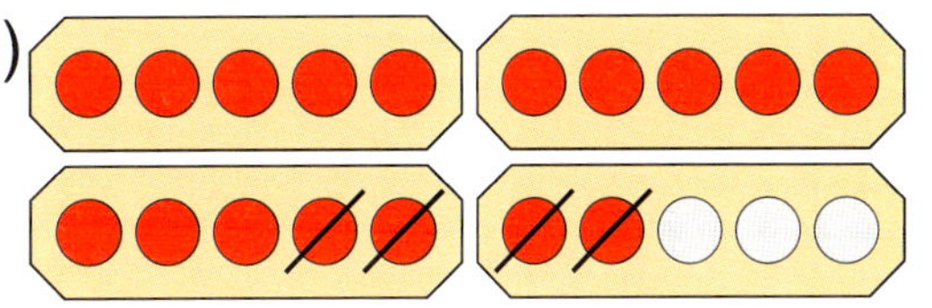

3 a) 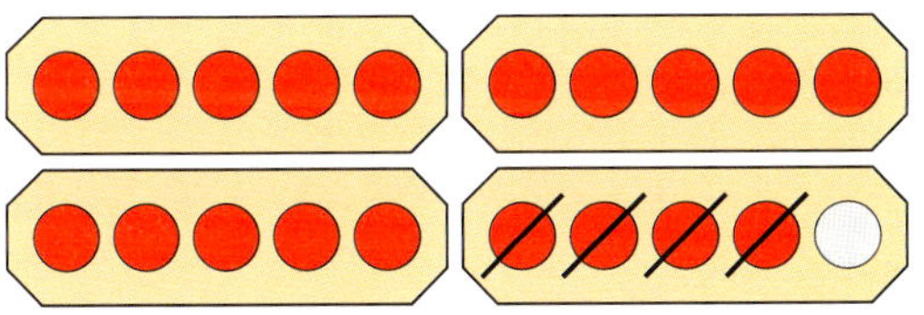 b) 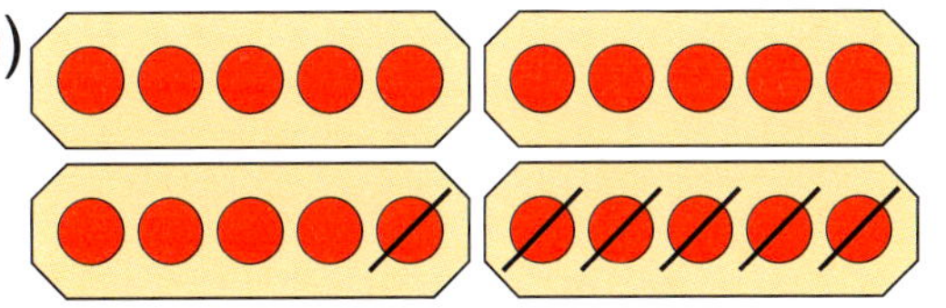

4

a)	b)	c)	d)
15 – 2	16 – 4	20 – 9	18 – 3
19 – 5	14 – 2	17 – 3	13 – 3
14 – 4	19 – 6	16 – 5	20 – 0
17 – 6	13 – 2	18 – 8	18 – 5

5 a) 

b) 

c) 

a) 1 9 – 2 = 1 7
1 2 – 2 =
1 6 – 2 =
1 5 – 2 =

Analoge Aufgaben

1

	5	+	3	=		8
1	5	+	3	=	1	8

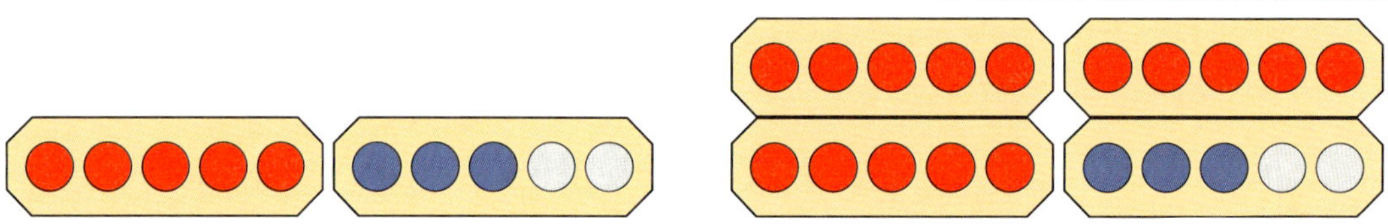

2

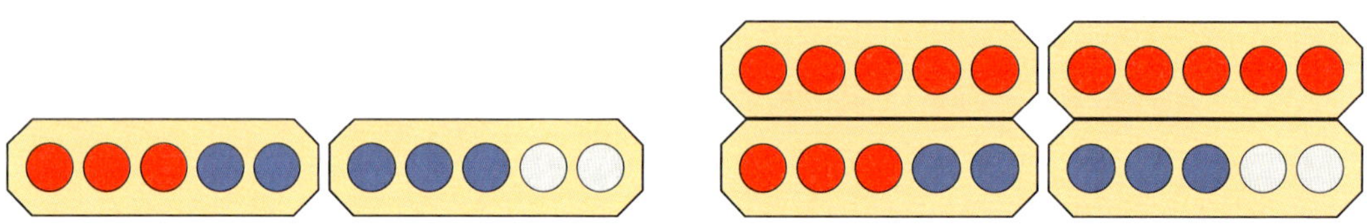

3

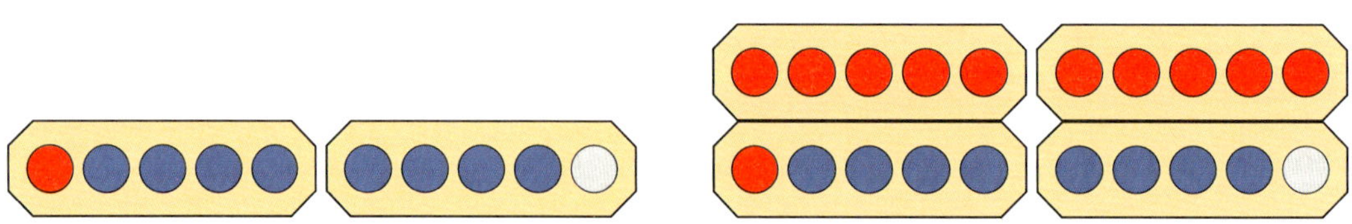

4 a) 2 + 5
12 + 5

b) 4 + 1
14 + 1

c) 6 + 3
16 + 3

d) 3 + 3
13 + 3

5 a) 13 + 2 b) 15 + 4 c) 16 + 2 d) 13 + 5

1

	8	−	2	=		6
1	8	−	2	=	1	6

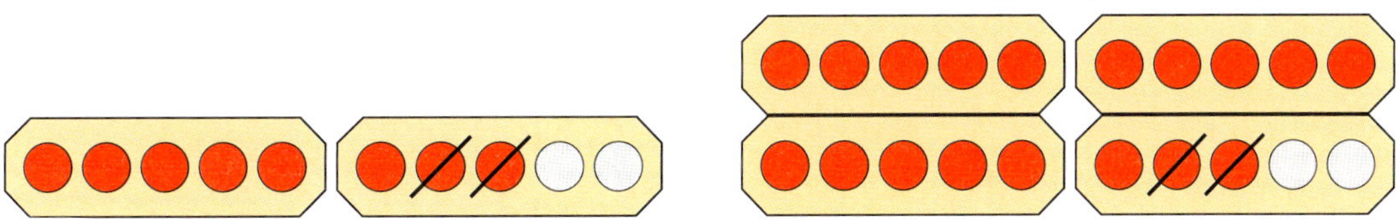

2

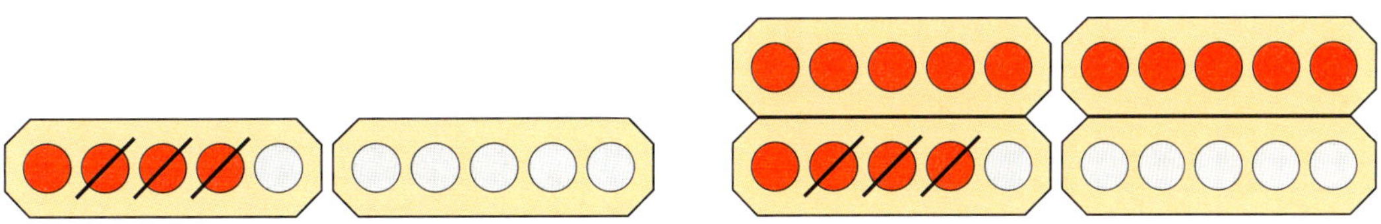

3

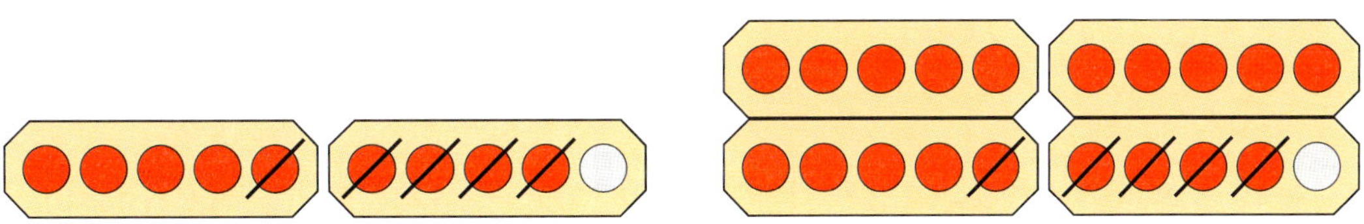

4 a) 6 − 1
16 − 1

b) 7 − 5
17 − 5

c) 3 − 2
13 − 2

d) 5 − 5
15 − 5

5 a) 19 − 2 b) 14 − 3 c) 14 − 2 d) 20 − 5

Ergänzen auf 10

$7 + 3 = 10$

1 a)

b)

2 a)

b)

3 a)

b)

4 a)

b)

5 a)

b)

8 + 2 = 10

1 Immer 10.

a) 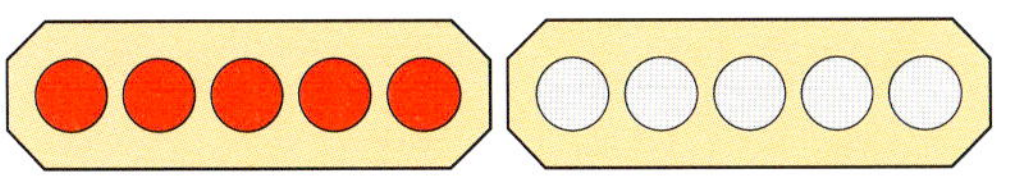 b) 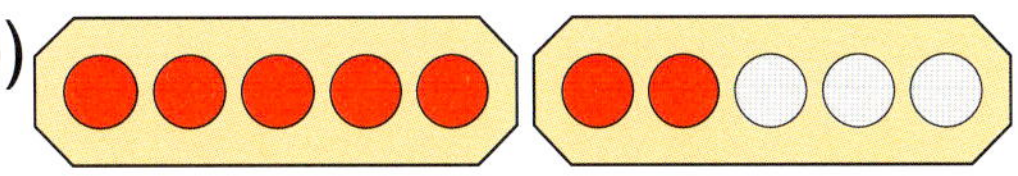

2 a) 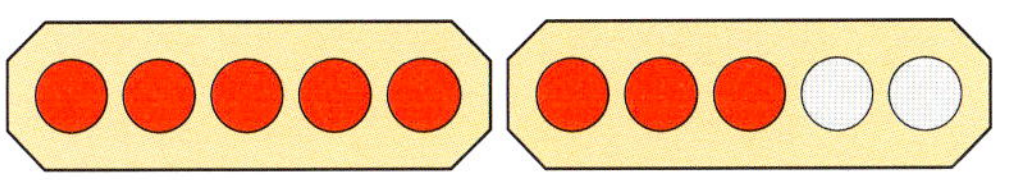 b) 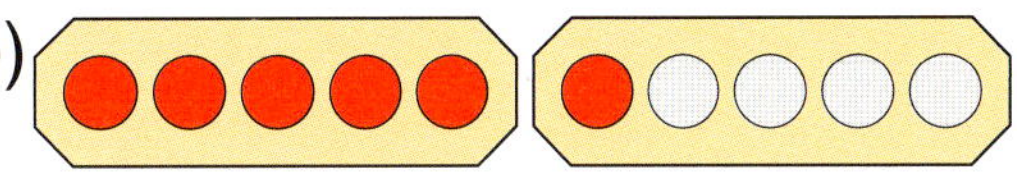

3 a) 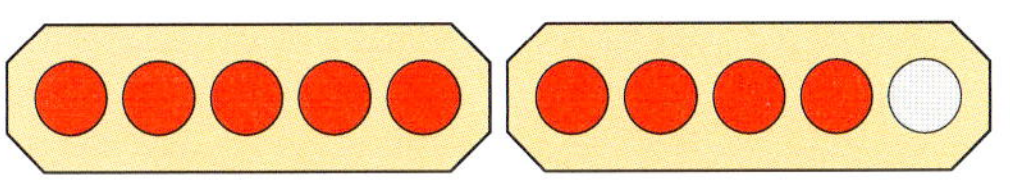 b) 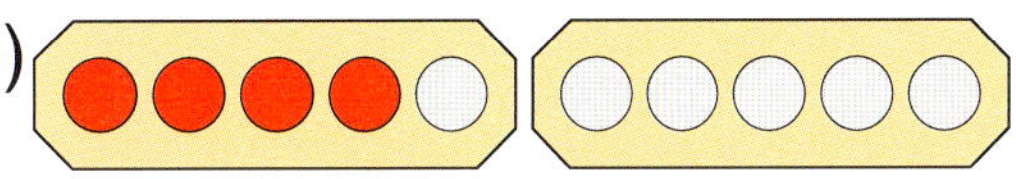

4 a) 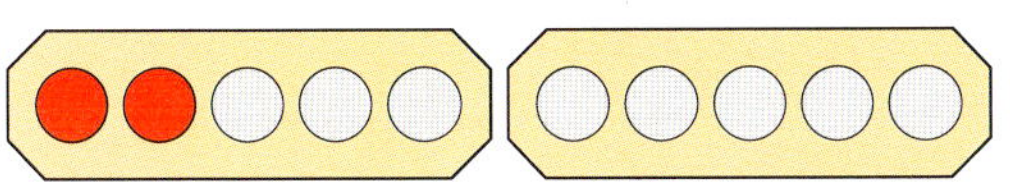 b) 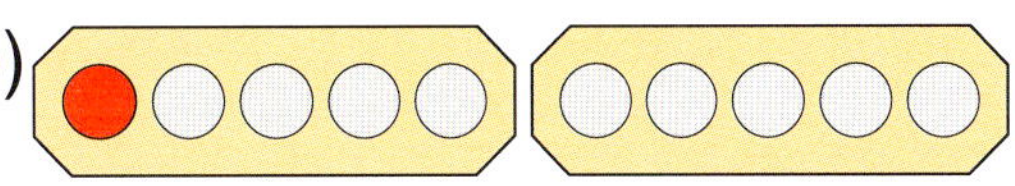

5 a) 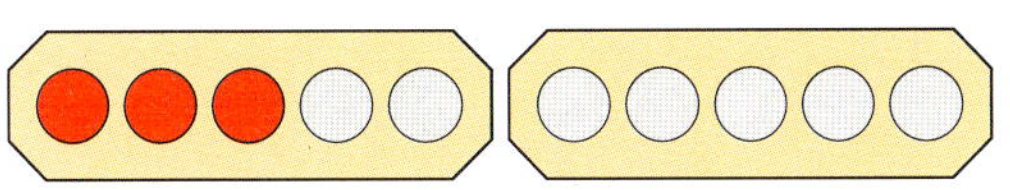 b) 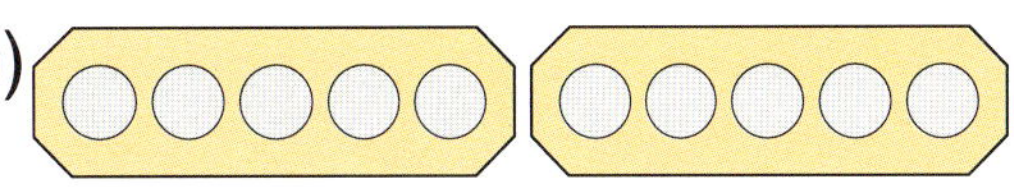

6 a) 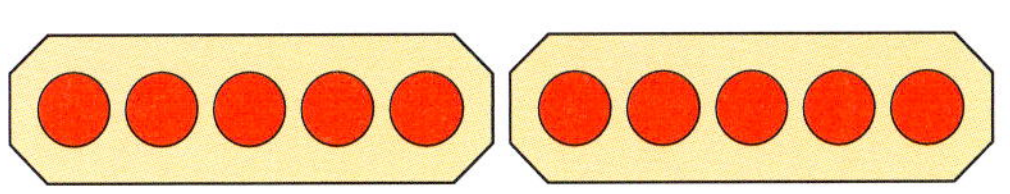 b) 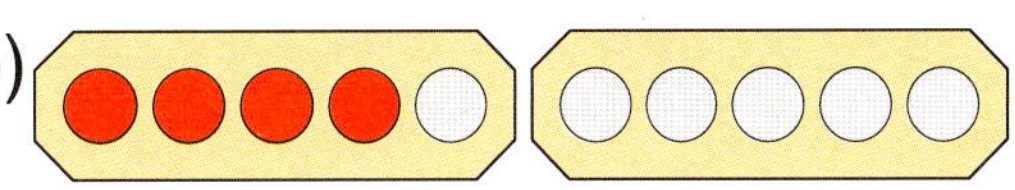

7

a) 6 + ☐ = 10
7 + ☐ = 10
5 + ☐ = 10

b) 3 + ☐ = 10
4 + ☐ = 10
2 + ☐ = 10

c) 1 + ☐ = 10
0 + ☐ = 10
10 + ☐ = 10

Addieren mit Zehnerübergang

$8 + 5 =$

$8 + 5 =$
$8 + 2 = 10$

$8 + 5 = 13$
$8 + 2 = 10$
$10 + 3 = 13$

1 a)

b)

2 a)

b)

3

a) 9 + 1
9 + 2

b) 7 + 3
7 + 4

c) 8 + 2
8 + 3

d) 6 + 4
6 + 5

	9	+	5	=	1	4
	9	+	1	=	1	0
1	0	+	4	=	1	4

1

a)

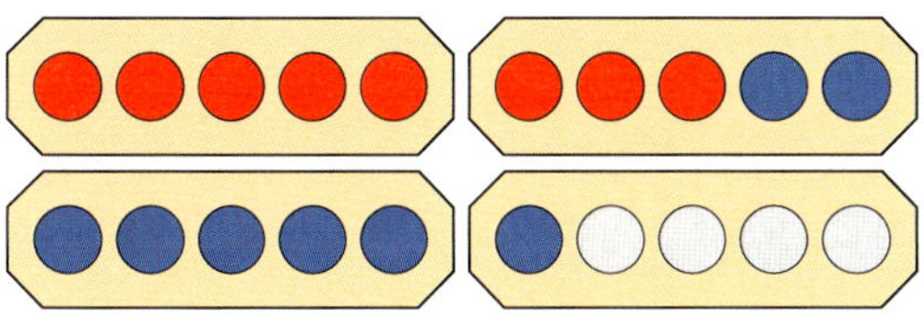

b)

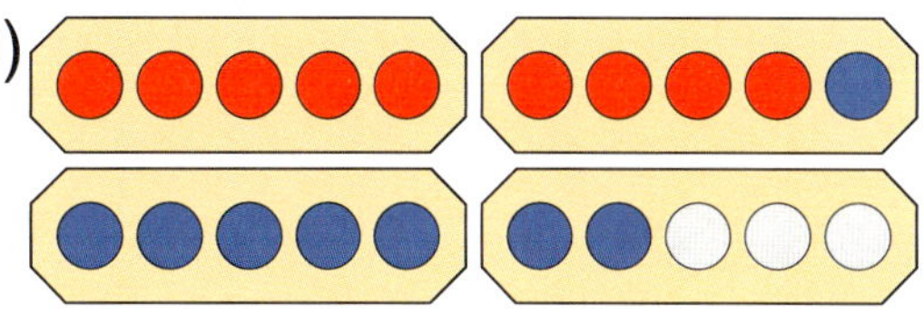

2

a)

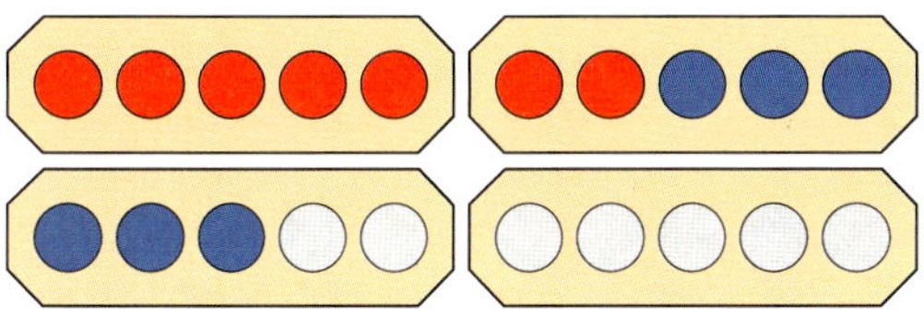

b)

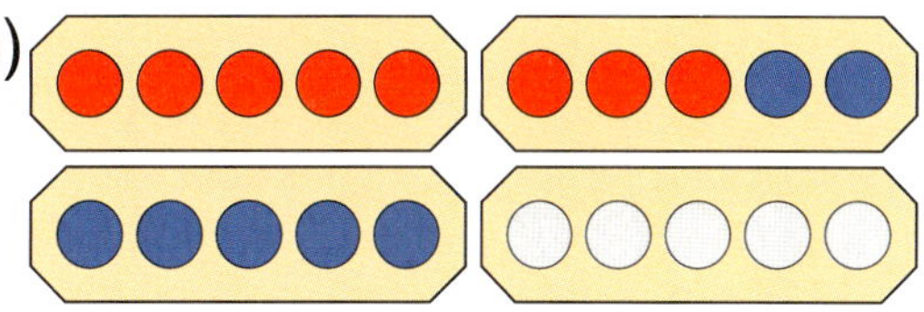

3

a)

	6	+	6	=		
	6	+	4	=	1	0
1	0	+	2	=		

b)

	9	+	3	=		
	9	+	1	=	1	0
1	0	+	2	=		

c)

	7	+	6	=		
	7	+		=	1	0
1	0	+		=		

4

a)

	8	+	4	=		
	8	+		=		
1	0	+		=		

b)

	6	+	5	=		
	6	+		=		
1	0	+		=		

c)

	7	+	7	=		
	7	+		=		
1	0	+		=		

5 Lege und rechne.

a) 7 + 6
8 + 6
9 + 6

b) 8 + 3
7 + 4
3 + 9

c) 9 + 8
6 + 8
5 + 6

d) 5 + 6
5 + 7
9 + 9

Addieren mit Zehnerübergang

1

a) 

b) 

2

a) 9 + 2
9 + 3
9 + 4

b) 8 + 5
8 + 4
8 + 3

c) 7 + 5
6 + 5
9 + 5

d) 7 + 4
7 + 6
8 + 6

3

a) 

b) 

c) 

4

a) 6 + 8
6 + 6
7 + 9
8 + 4

b) 9 + 3
4 + 3
5 + 8
7 + 6

c) 4 + 7
8 + 3
9 + 0
6 + 5

d) 8 + 5
5 + 6
7 + 3
9 + 9

5

a) 

b) 

Sachaufgaben

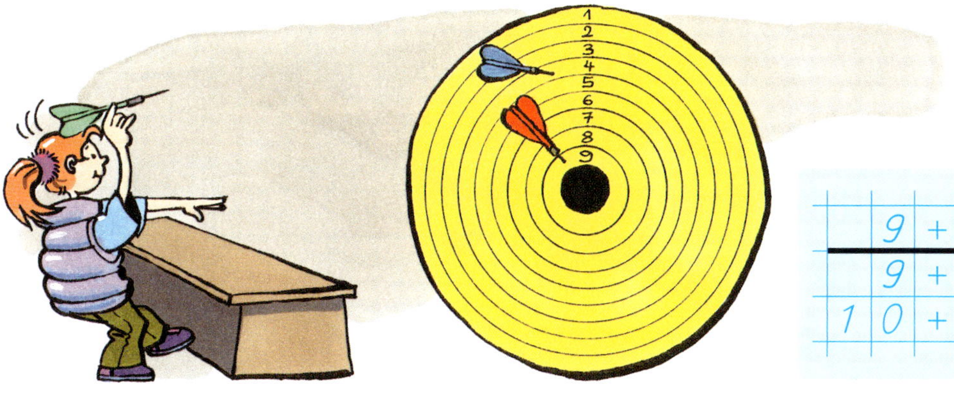

9 + 4 =

9 + 1 = 10

10 + 3 = 13

1

a)

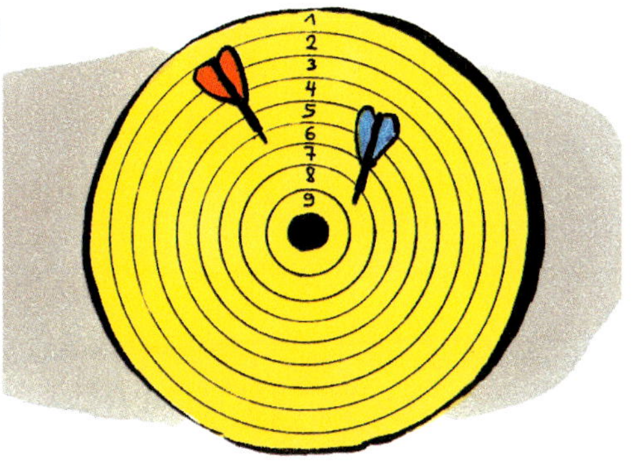

b)

2

a)

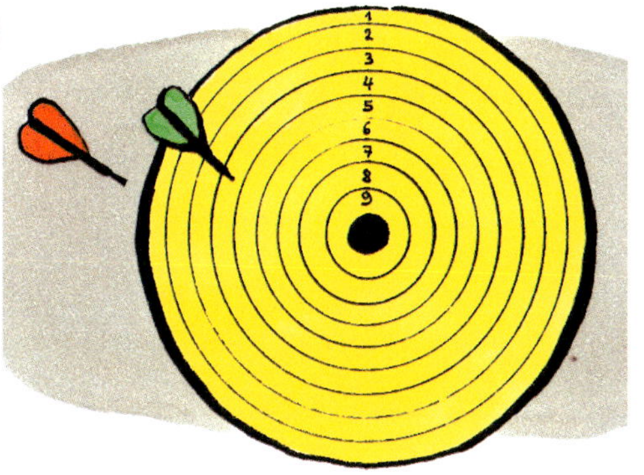

b)

3

a)

b)

Subtrahieren mit Zehnerübergang

1

a) 11 − ▢ = 10
13 − ▢ = 10
15 − ▢ = 10

b) 16 − ▢ = 10
18 − ▢ = 10
19 − ▢ = 10

c) 12 − ▢ = 10
17 − ▢ = 10
20 − ▢ = 10

2

a) 10 − 1
10 − 6
10 − 4

b) 10 − 5
10 − 7
10 − 3

c) 10 − 2
10 − 8
10 − 10

d) 10 − 9
10 − 1
10 − 7

3

a) 10 − 2
10 − 3
10 − 5

b) 10 − 6
10 − 0
10 − 4

c) 10 − 8
10 − 1
10 − 9

d) 10 − 7
10 − 0
10 − 10

13 − 5 =	13 − 5 =	13 − 5 = 8
	13 − 3 = 10	13 − 3 = 10
		10 − 2 = 8

1 a)

b)

2 a)

b)

3

a) 11 − 1
11 − 2

b) 13 − 3
13 − 4

c) 12 − 2
12 − 3

d) 14 − 4
14 − 5

Subtrahieren mit Zehnerübergang

1	4	–	6	=		
1	4	–	4	=	1	0
1	0	–	2	=		8

1 a)

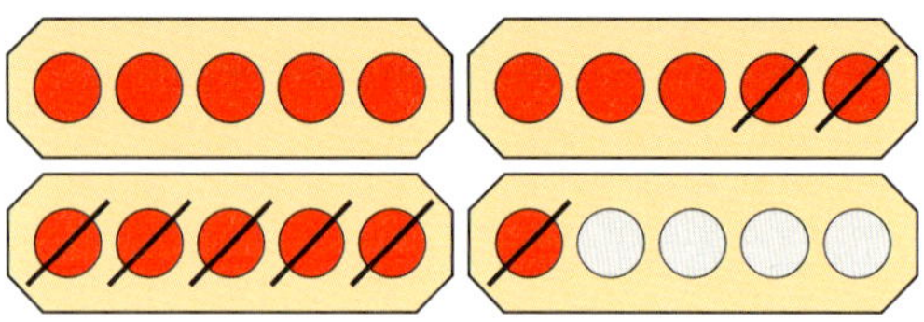

b)

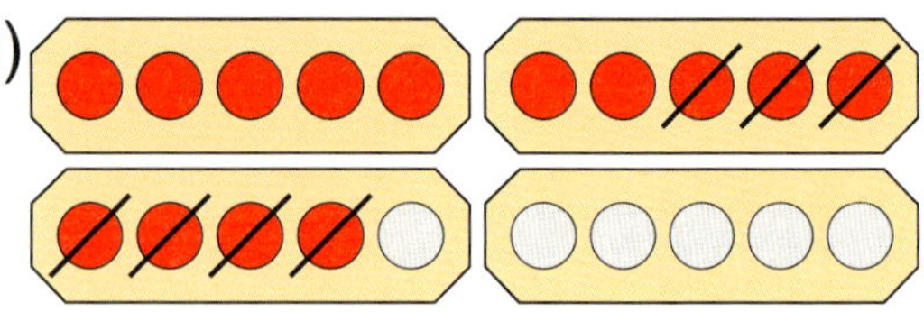

2 a)

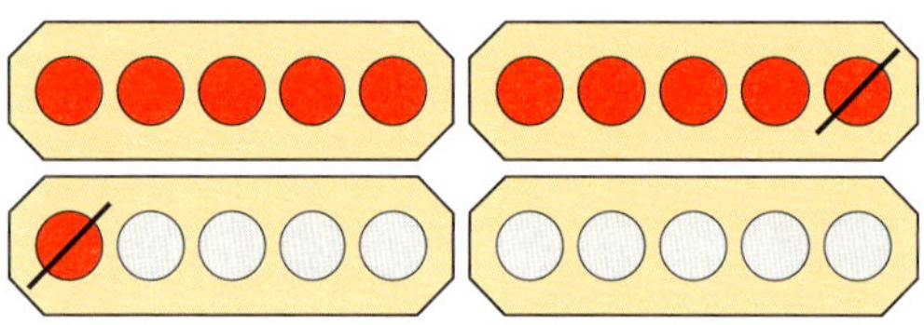

b)

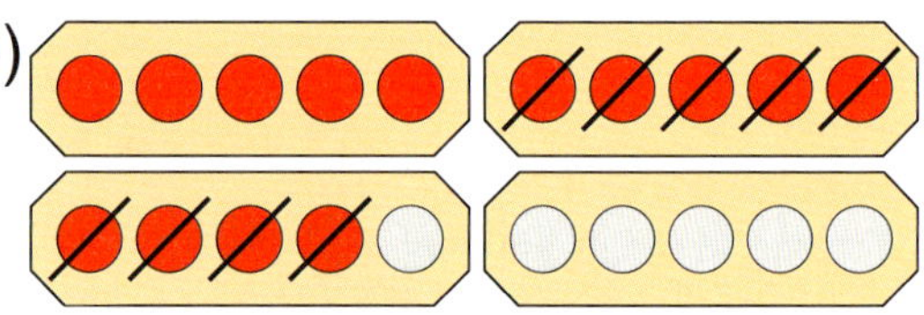

3 a)

1	6	–	7	=		
1	6	–	6	=	1	0
1	0	–	1	=		

b)

1	3	–	4	=		
1	3	–	3	=	1	0
1	0	–	1	=		

c)

1	7	–	9	=		
1	7	–		=	1	0
1	0	–		=		

4 a)

1	5	–	6	=		
1	5	–		=		
1	0	–		=		

b)

1	2	–	8	=		
1	2	–		=		
1	0	–		=		

c)

1	6	–	9	=		
1	6	–		=		
1	0	–		=		

5 Lege und rechne.

a) 15 – 7
12 – 5
14 – 8

b) 11 – 4
13 – 8
12 – 7

c) 16 – 9
15 – 8
13 – 5

d) 14 – 7
17 – 9
18 – 9

1

a)

b)

2

a) 11 – 2	b) 12 – 5	c) 13 – 4	d) 11 – 5
11 – 3	12 – 4	14 – 5	12 – 6
11 – 4	12 – 3	14 – 6	13 – 5

3

a)

b)

c)

4

a) 13 – 6	b) 12 – 7	c) 14 – 8	d) 18 – 9
15 – 7	14 – 9	15 – 9	14 – 7
16 – 8	16 – 7	17 – 9	16 – 9

5

a)

b)

Sachaufgaben

15 − 6 =

15 − 5 = 10

10 − 1 = 9

1

a)

b)

2

a)

b)

3

a)

b)

Projekt: Würfelspiel

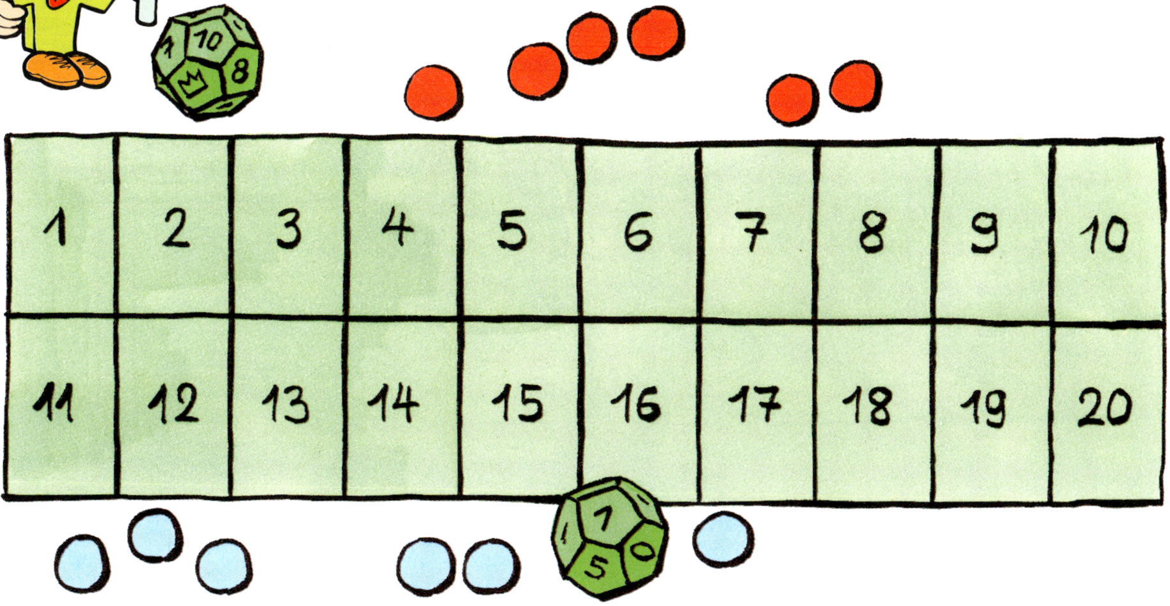

Umkehraufgaben

1

a)

b)

2

a)

b)

3

a) 7 + 5
12 − 5

b) 9 + 6
15 − 6

c) 8 + 8
16 − 8

d) 7 + 8
15 − 8

4

a) 9 + 9
18 − 9

b) 6 + 8
14 − 8

c) 9 + 4
13 − 4

d) 9 + 8
17 − 8

Addieren und Subtrahieren

Verdoppeln

6 + 6 = 12

1

2

3

a)	b)	c)	d)
2 + 2	4 + 4	6 + 6	7 + 7
1 + 1	3 + 3	9 + 9	10 + 10
5 + 5	8 + 8	3 + 3	0 + 0

Halbieren

1

a) 

b) 

c) 

2

a) 

b) 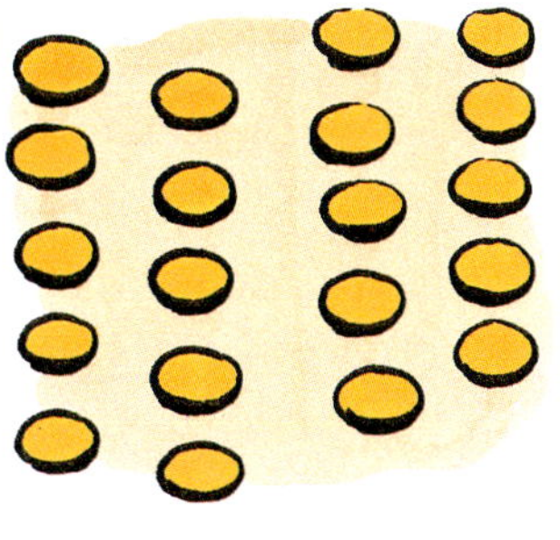

c) 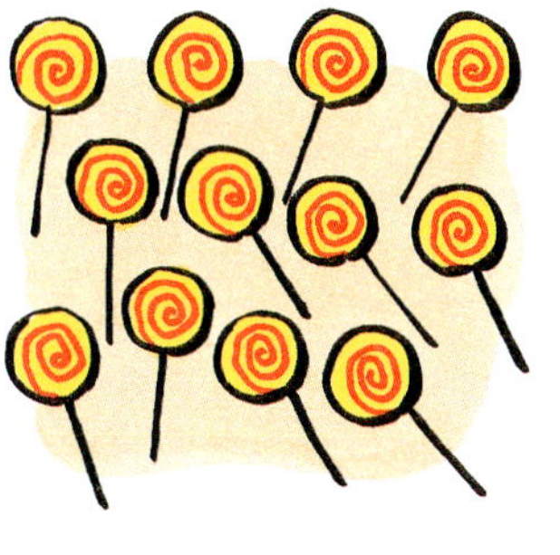

3

a) 

b) 

c) 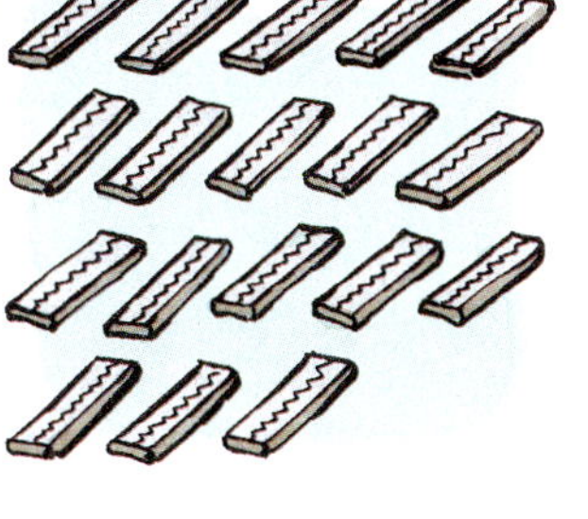

Wiederholen und Üben

1

a) 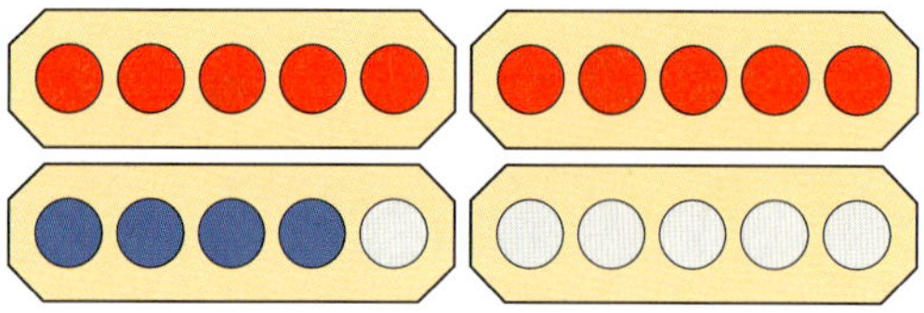

b) 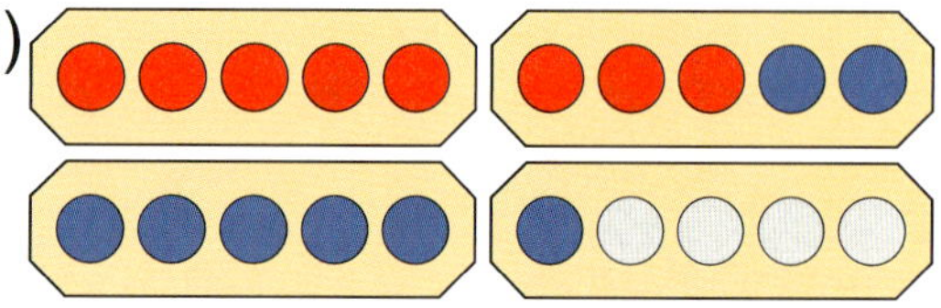

2

a) 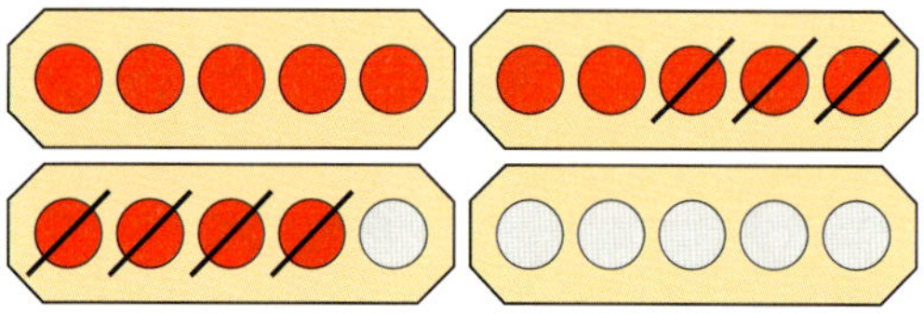

b) 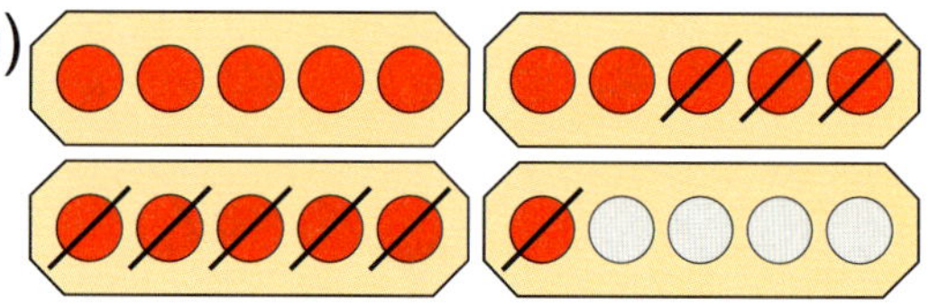

3

a) 3 + □ = 10
1 + □ = 10
4 + □ = 10

b) 7 + □ = 10
6 + □ = 10
9 + □ = 10

c) 10 – □ = 2
10 – □ = 9
10 – □ = 5

d) 10 – □ = 3
10 – □ = 8
10 – □ = 0

4

a) 

b) 

5

a) 

b) 

c) 

6

a) 8 + 7
9 + 3
6 + 5
7 + 7

b) 17 – 8
12 – 5
16 – 8
20 – 10

c) 8 + 3
3 + 9
6 + 6
8 + 9

d) 15 – 8
17 – 9
14 – 8
12 – 7

Geometrie 2

Mathewerkstatt: Karten herstellen

Mit dem Spiegel umgehen

1

2

a)

b)

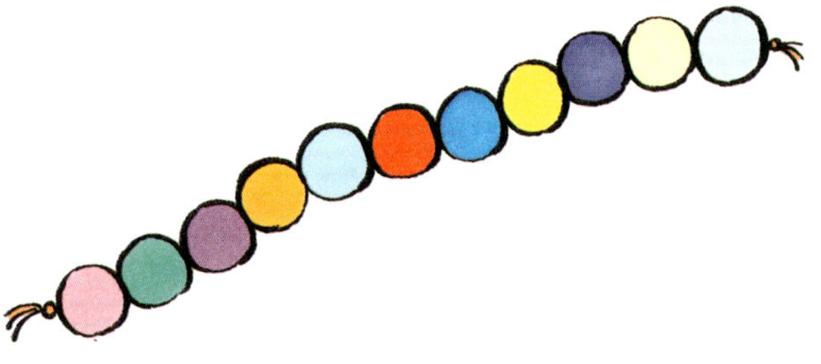

3

a)

b)

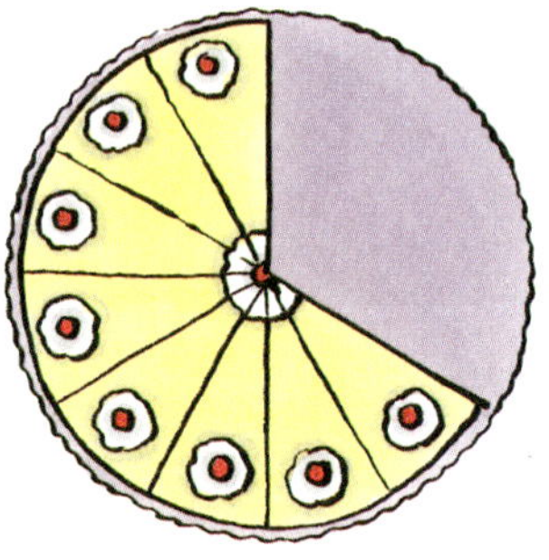

c)

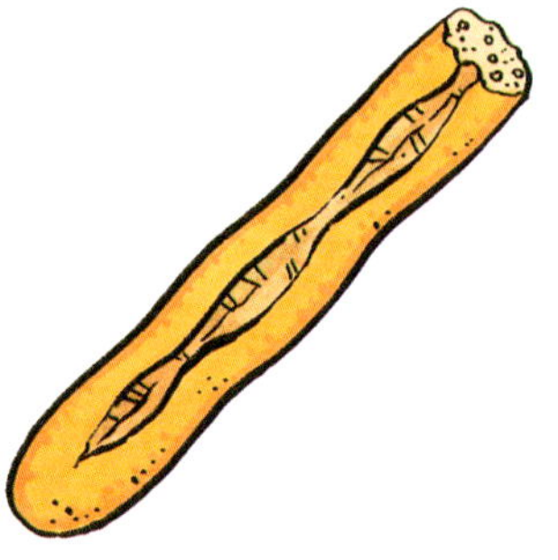

4

a)

b)

c)

1 a) 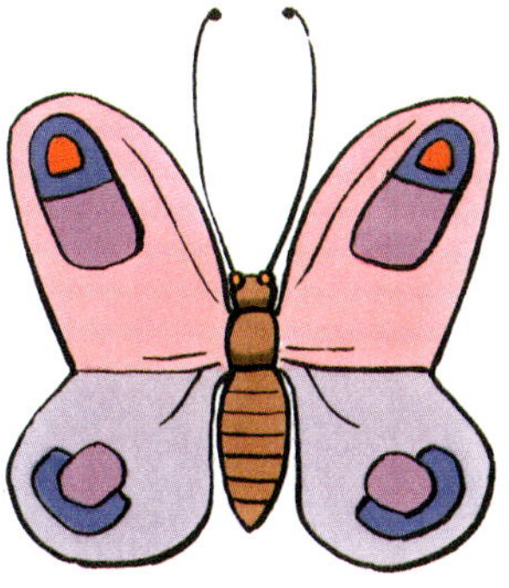 b)  c) 

2

A F H

W Z T

3 a) 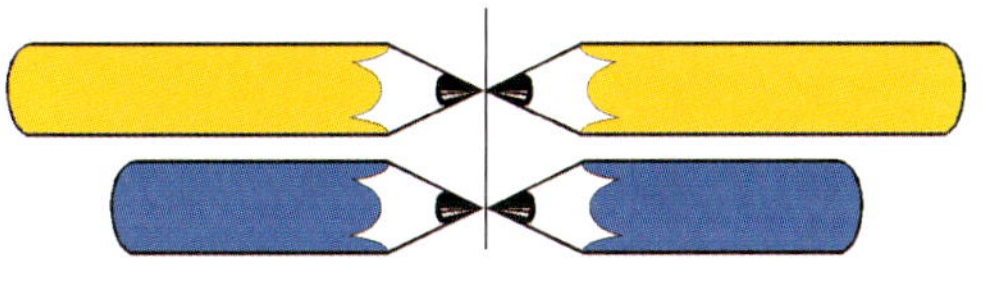 b) 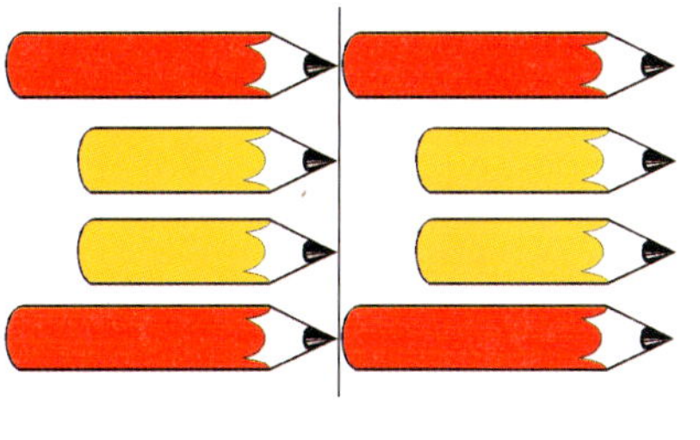

4 a) 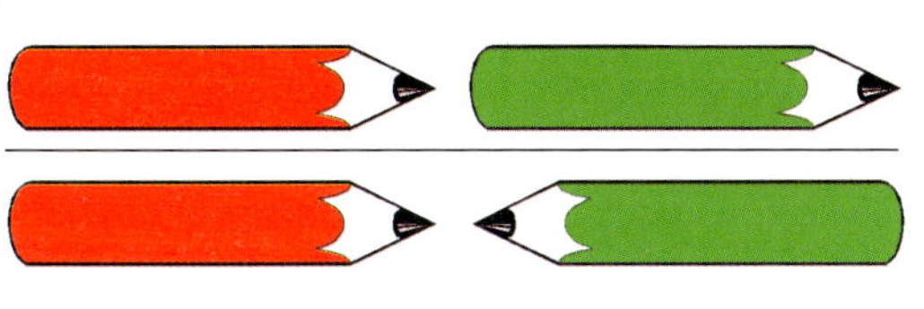 b) 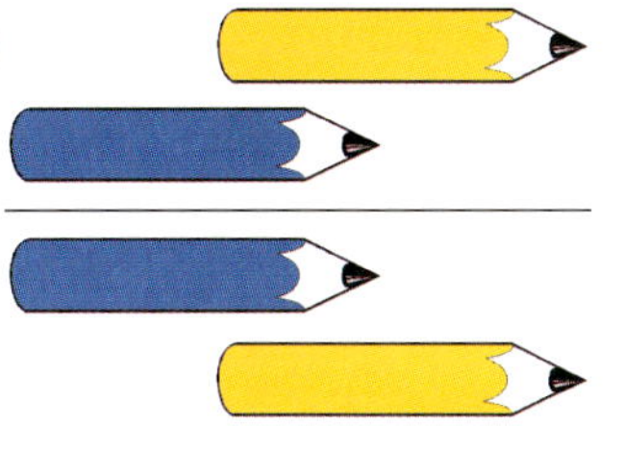

Symmetrische Figuren legen

1 a)

b)

c)

2 a)

b)

c)

3 a)

b)
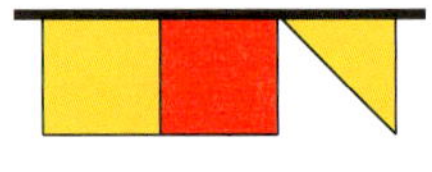
c)
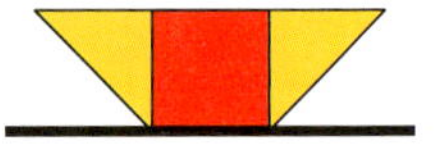

4 a)

b)

c)

5 a)

b)

Symmetrische Figuren zeichnen

1

a) 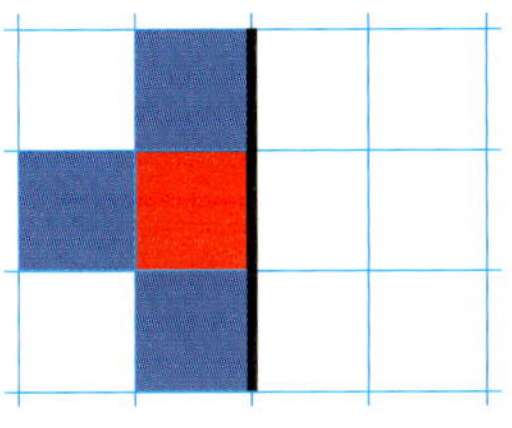

b) 

c) 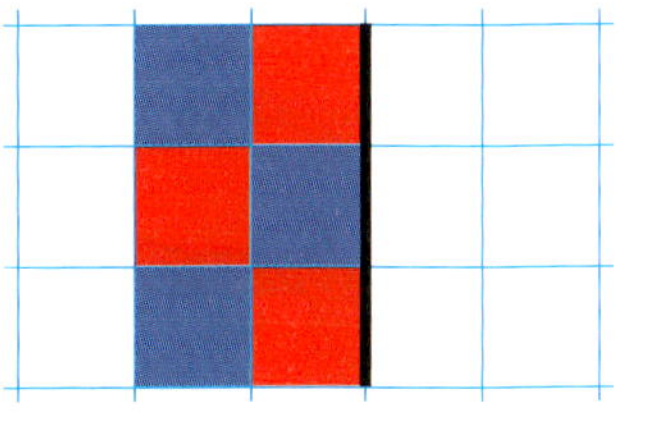

2

a) 

b) 

c) 

3

a) 

b) 

c) 

4

a) 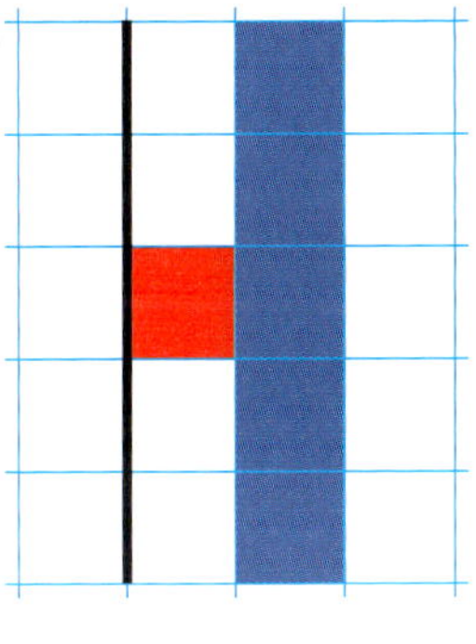

b) 

c) 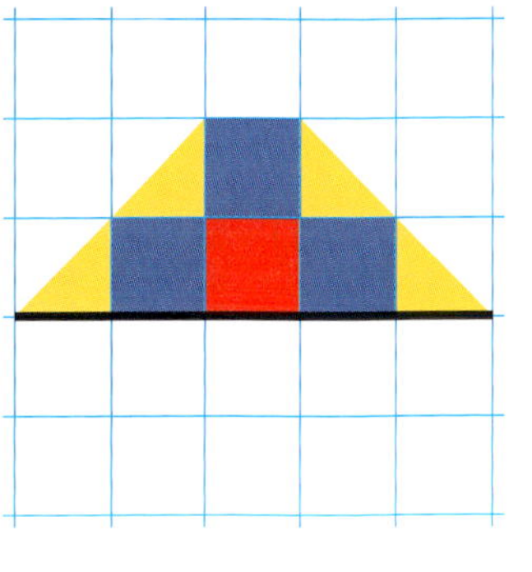

Wiederholen und Üben

1

a) 

b) 

c) 

2

B C N O

3

a) 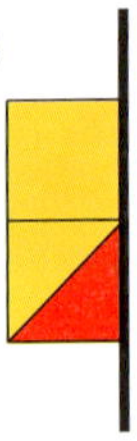

b) 

c) 

4

a) 

b) 

c) 

5

a) 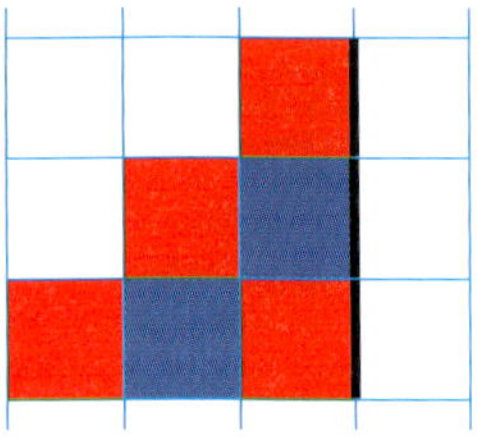

b) 

c) 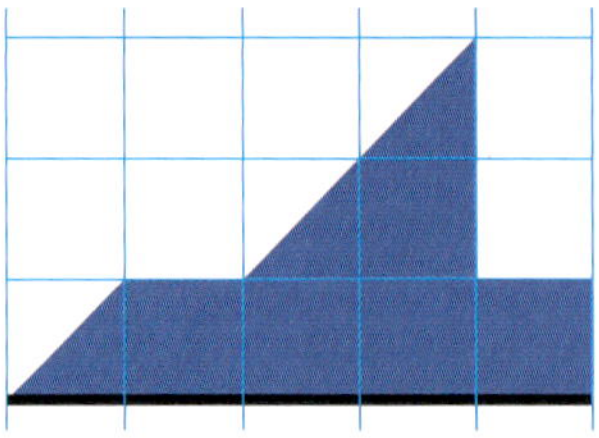

Zeit

Vorher – nachher

1

2

a)

b)

3

a)

b)

4

5

Gestern – heute – morgen

1

a) Montag, Dienstag, Mittwoch

a) Montag ☐ Mittwoch   b) Mittwoch ☐ Freitag

2

a) Samstag ☐ Montag   b) Donnerstag Freitag ☐

3

a) Dienstag Mittwoch ☐ ☐   b) Freitag ☐ ☐ Montag

4

a) ☐ Dienstag ☐ Donnerstag   b) Samstag ☐ Montag ☐

Tagesablauf

1

Uhrzeit

1

2 Stelle die Uhrzeit ein.

a) 3 Uhr b) 7 Uhr c) 2 Uhr
d) 1 Uhr e) 10 Uhr f) 9 Uhr

3 Wie spät ist es?

a) 9 Uhr

a)  b)  c) 

4 a)  b)  c)  d) 

5 a)  b)  c)  d) 

Wiederholen und Üben

1 a)  b) 

2 

3 a) Freitag ☐ Sonntag b) Mittwoch Donnerstag ☐

4 a) ☐ Mittwoch ☐ Freitag b) Montag ☐ ☐ Donnerstag

5 Stelle die Uhrzeit ein.

a) 5 Uhr b) 12 Uhr c) 8 Uhr d) 2 Uhr

6 Wie spät ist es?

a) 
b) 
c) 
d) 

7 a) 
b) 
c) 
d) 

Geld

Cent

1

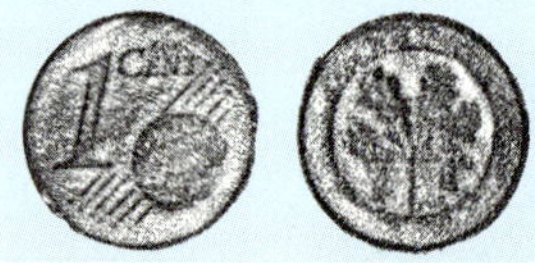

1 Cent

2 Wie viel Geld ist es?

a) 5 Cent + 2 Cent = 7 Cent

a)

b)

c)

d)

3

a)

b)

c)

d)

4 Lege mit deinem Rechengeld.
Suche verschiedene Möglichkeiten.

a) b) c) d)

Euro

1

1 €

2 Wie viel Geld ist es?

a) 2 € + 2 € + 2 € = 6 €

a)  b) 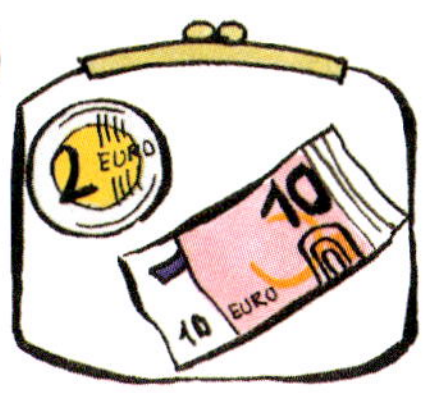 c)  d) 

3

a)  b)  c) 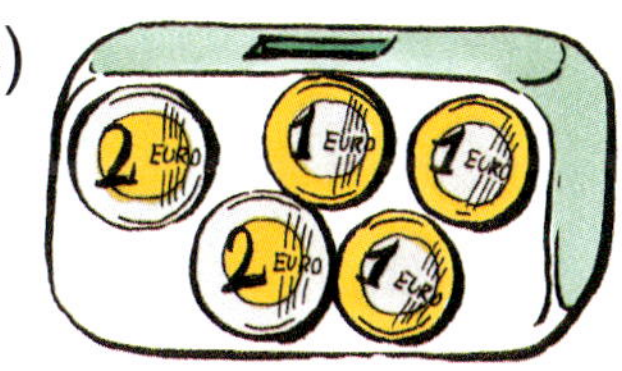

d)  e) 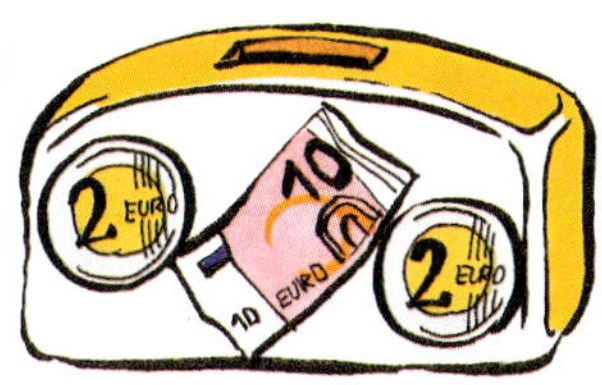 f) 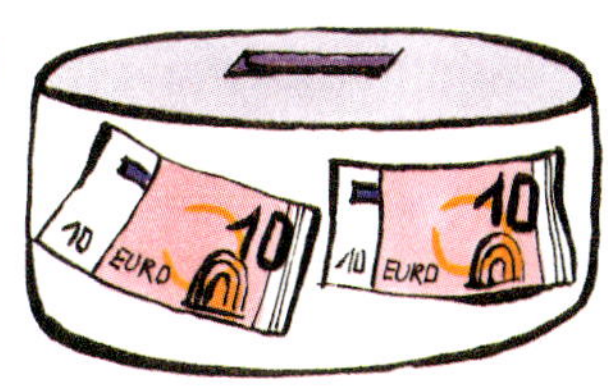

4 Lege mit deinem Rechengeld.
Suche verschiedene Möglichkeiten.

a) 

b) 

c) 

d) 

Einkaufen

1 Wie teuer ist es?

a) 5 €

a) 
b) 
c) 
d) 

2 Wie viel Euro kostet es zusammen?

a) 6 € + 2 € = 8 €

a) 
b) 
c) 
d) 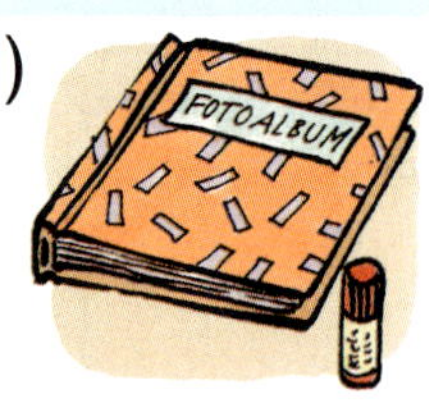

3

a) 6 € + 3 €
5 € + 5 €
8 € + 2 €

b) 10 € + 3 €
12 € + 5 €
10 € + 8 €

c) 12 € + 8 €
13 € + 5 €
14 € + 6 €

d) 8 € + 4 €
7 € + 6 €
9 € + 9 €

1 Wie viel Euro bleiben übrig?

a) 10 € − 6 € = 4 €

a) 

b) 

c) 

2

a) 

b) 

c) 

3

a) 10 € − 3 €
9 € − 4 €
8 € − 2 €

b) 15 € − 2 €
18 € − 4 €
19 € − 6 €

c) 14 € − 4 €
18 € − 7 €
16 € − 5 €

d) 12 € − 6 €
14 € − 5 €
16 € − 9 €

Einkaufen

1 Reicht das Geld?

a) 

b) 

c) 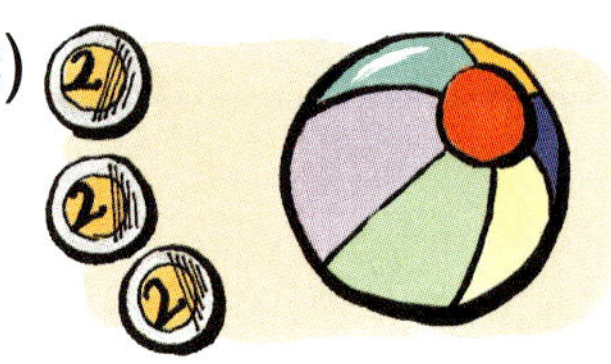

2

a) 

b) 

c) 

3 Was kannst du kaufen?

a) 

b) 

c) 

d) 

4

a) 2 € + 2 € + 2 €
5 € + 2 € + 1 €
5 € + 5 € + 1 €

b) 5 € + 5 € + 5 €
10 € + 2 € + 1 €
10 € + 1 € + 5 €

c) 10 € + 2 € + 2 €
10 € + 5 € + 2 €
15 € + 5 € + 5 €

1 Wie viel Euro fehlen noch?

a) 4 € + 3 € = 7 €

a) 

b) 

c) 

2

a) 

b) 

c) 

3

a) 

b) 

c) 

4

a) 10 € + ___ € = 15 €
12 € + ___ € = 18 €
13 € + ___ € = 16 €

b) 8 € + ___ € = 16 €
9 € + ___ € = 14 €
7 € + ___ € = 20 €

Wiederholen und Üben

1 Wie viel Geld ist es?

a) 

b) 

c) 

d) 

2 Lege mit deinem Rechengeld.

a) 

b) 

c) 

3

a)	b)	c)	d)
8 € + 2 €	10 € + 5 €	13 € + 4 €	15 € + 5 €
7 € + 5 €	12 € + 7 €	10 € + 6 €	17 € + 2 €
6 € + 6 €	11 € + 3 €	12 € + 8 €	14 € + 4 €

4 Wie viel Geld bekommst du zurück?

a) 

b) 

c) 

5

a)	b)	c)	d)
5 € – 3 €	10 € – 7 €	14 € – 6 €	20 € – 10 €
2 € – 2 €	15 € – 5 €	12 € – 8 €	18 € – 7 €
10 € – 5 €	13 € – 7 €	19 € – 8 €	17 € – 5 €

6

a)	b)	c)
10 € + ☐ € = 16 €	15 € + ☐ € = 20 €	7 € + ☐ € = 15 €
14 € + ☐ € = 17 €	13 € + ☐ € = 19 €	9 € + ☐ € = 12 €
11 € + ☐ € = 18 €	16 € + ☐ € = 18 €	6 € + ☐ € = 20 €

Alles paletti

1 a) 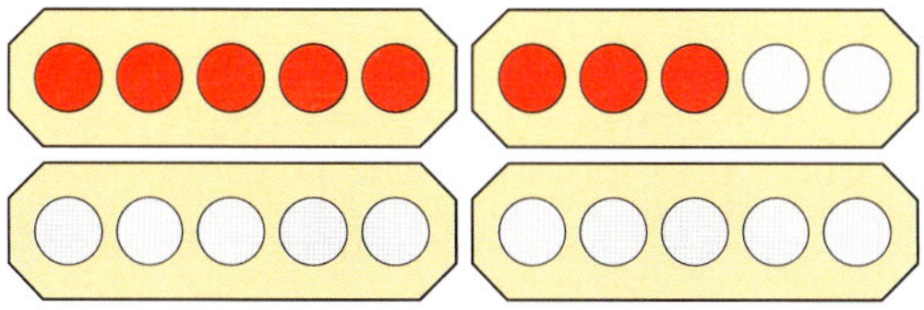 b) 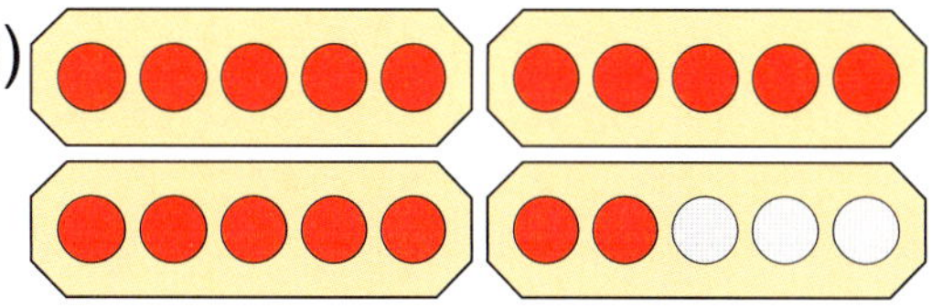

2 Setze die fehlenden Zahlen ein.

a) 8 ___ 10 b) 13 ___ 15 c) ___ 6 ___ d) ___ 18 ___

3 a) 9 10 ___ ___ ___ ___ 15 b) 19 18 ___ ___ ___ ___ 13

4 Setze ein: >, < oder =

a) 3 ___ 14 b) 9 ___ 5 c) 11 ___ 11 d) 17 ___ 15
8 ___ 3 7 ___ 7 12 ___ 10 16 ___ 19

5 a) 8 + ___ = 10 b) 5 + ___ = 10 c) 6 + ___ = 10 d) 3 + ___ = 10
9 + ___ = 10 7 + ___ = 10 4 + ___ = 10 1 + ___ = 10

6 Lege und rechne.

a) 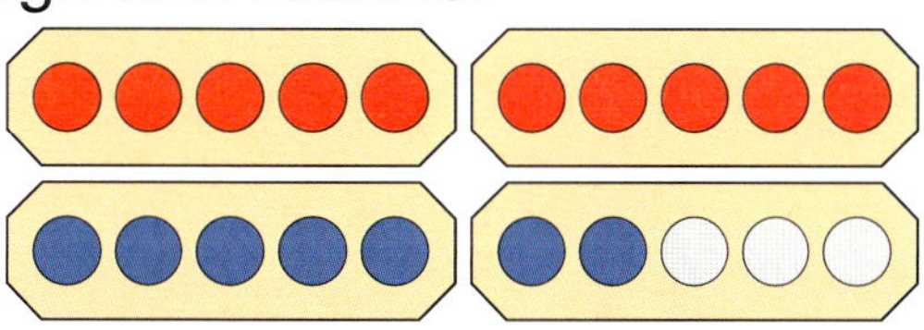 b) 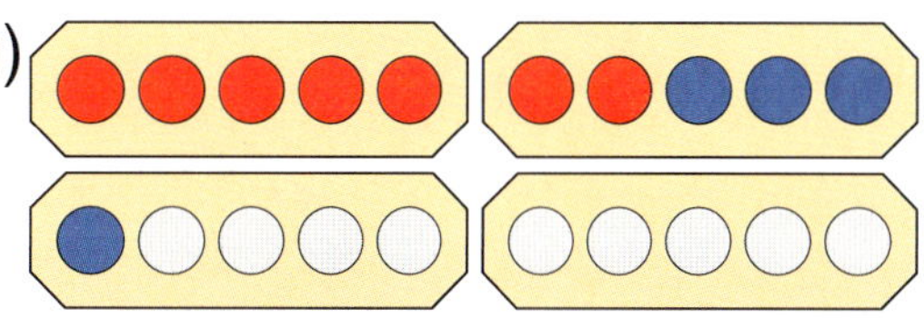

7 a) 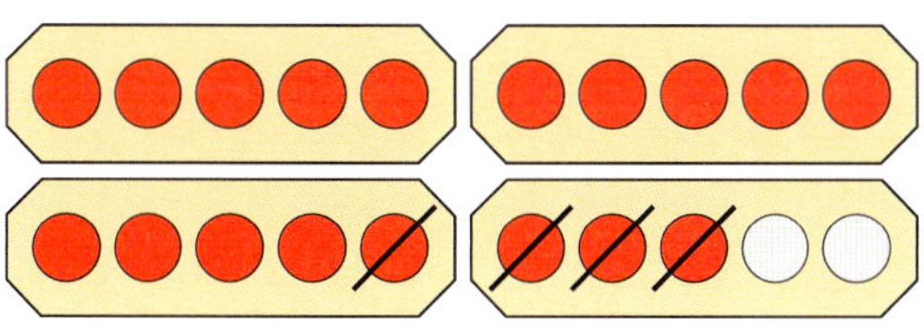 b) 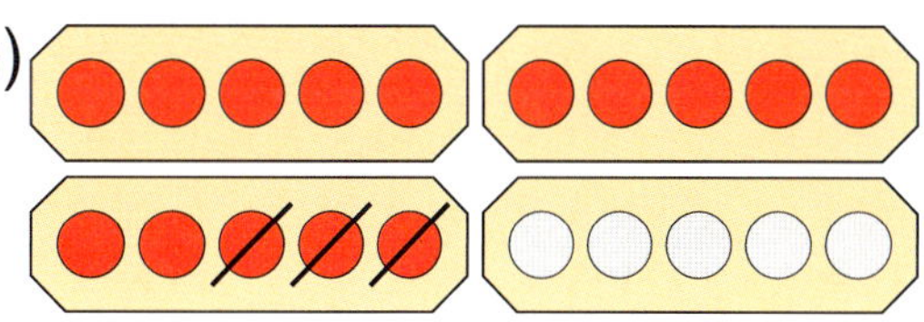

8 Zeichne ins Heft und ergänze.

a) 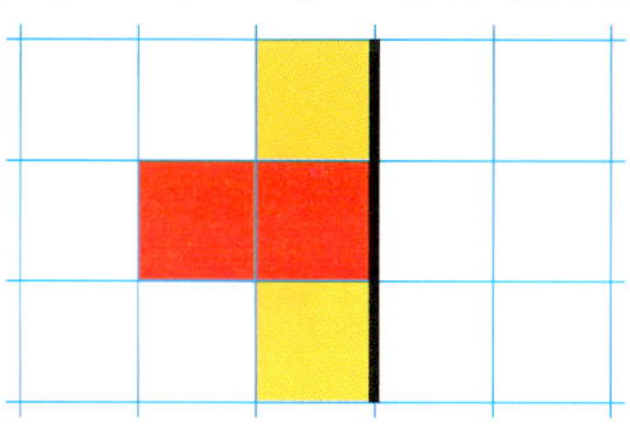 b)  c) 

Alles paletti

1 Wie spät ist es?

a)  b)  c)  d)  e) 

2

a)	b)	c)	d)
5 + 4	8 + 3	9 – 4	16 – 6
2 + 6	9 + 5	6 – 3	15 – 3
7 + 0	6 + 6	10 – 3	14 – 7
5 + 5	7 + 8	8 – 5	12 – 5

3 Wie viel Geld ist es?

a)  b)  c)  d) 

4 Wie viel Euro kostet es zusammen?

a) 

b) 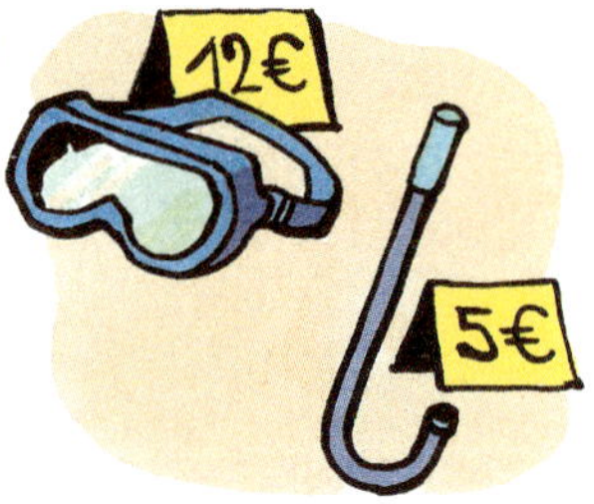

c) 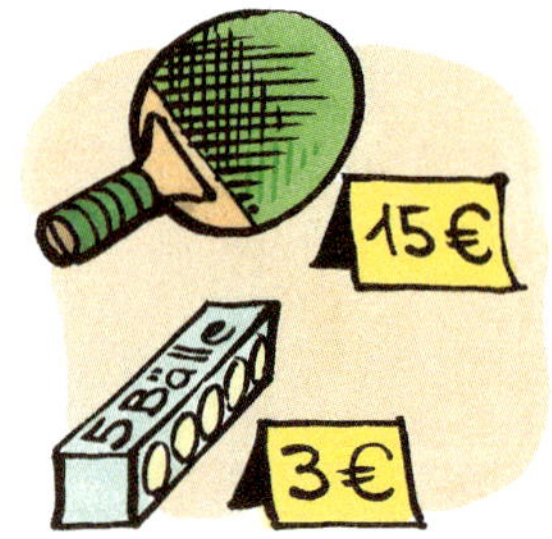

5

a)	b)	c)	d)
7 € + 7 €	11 € + 4 €	9 € – 6 €	12 € – 4 €
9 € + 3 €	13 € + 1 €	14 € – 3 €	11 € – 8 €
10 € + 5 €	12 € + 6 €	15 € – 5 €	13 € – 7 €

6 Wie viel Geld bekommst du zurück?

a) 

b) 

c) 

Wiederholung: Zahlen bis 20

Zahlenreihen

1

a)	1	1		1	2		1	3

a) 

b) 

2

a) 

b) 

3 a) 13 ■ 15   b) 18 ■ 20   c) 7 ■ 9   d) 10 ■ 12

4 a) 4 ■ 6   b) 16 ■ 18   c) 17 ■ 19   d) 9 ■ 11

5

a) 

b) 

6 a) 12 ■ ■ 15   b) 16 ■ ■ 19   c) 8 ■ ■ 11

1 a)

b)

2 a) 13 __ 15 b) 18 __ 20 c) 7 __ 9 d) 10 __ 12

3 a) 4 __ 6 b) 16 __ 18 c) 17 __ 19 d) 9 __ 11

4 a) 3 4 __ __ __ __ 9 b) 12 13 __ __ __ __ __ 19

5 a) 9 8 __ __ __ __ 3 b) 13 __ __ __ __ __ __ 6

6 Setze ein: >, < oder =

a)

b)

7

a)			b)			c)			d)		
12	__	14	18	__	13	17	__	19	20	__	12
11	__	10	14	__	11	19	__	16	19	__	11
18	__	16	18	__	19	11	__	8	7	__	12
19	__	15	15	__	11	16	__	16	15	__	20

Addieren ohne Zehnerübergang

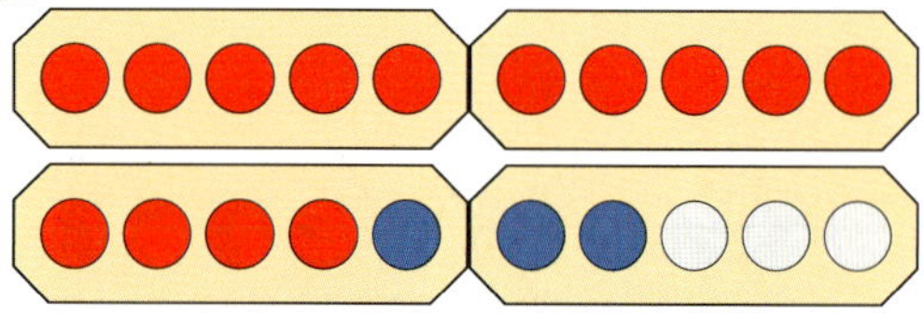

14 + 3 = 17

1

2

a)

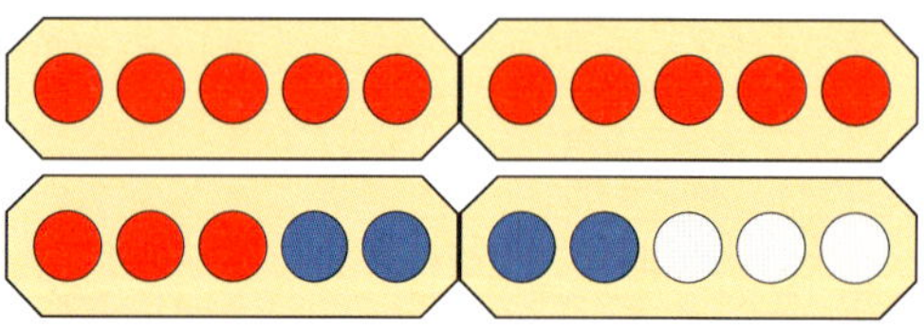

b)

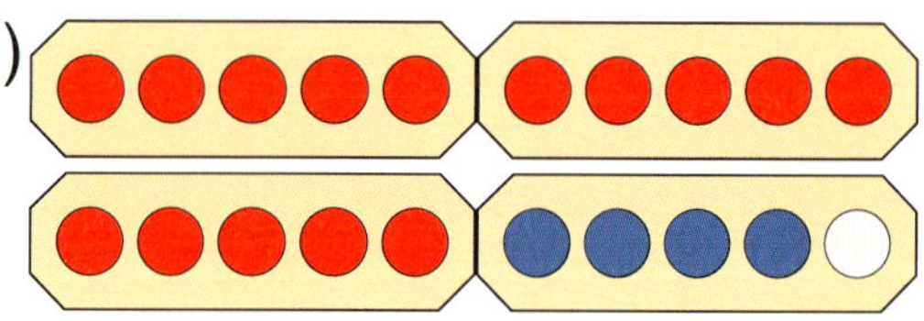

3

a) 15 + 3
10 + 9
17 + 3
16 + 3

b) 16 + 2
19 + 1
12 + 5
13 + 5

c) 11 + 4
14 + 0
10 + 4
15 + 2

d) 12 + 2
13 + 3
14 + 4
15 + 5

4

a)

b)

c)

d)

Subtrahieren ohne Zehnerübergang

17 − 5 = 12

1

2

a) 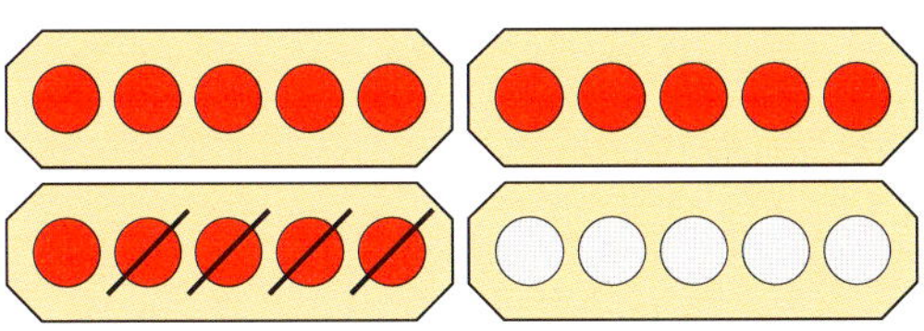

b) 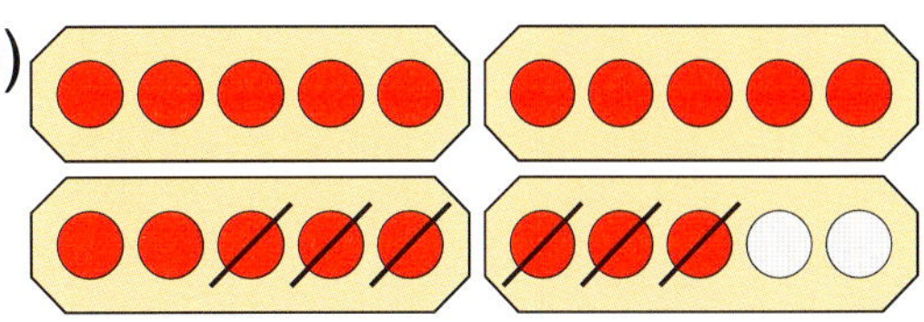

3

a)	b)	c)	d)
17 − 2	19 − 2	18 − 4	18 − 2
13 − 3	16 − 1	16 − 2	19 − 6
15 − 5	15 − 3	14 − 2	20 − 4
16 − 3	18 − 5	12 − 1	20 − 5

4

a) 

b) 

c) 

d) 

Addieren mit Zehnerübergang

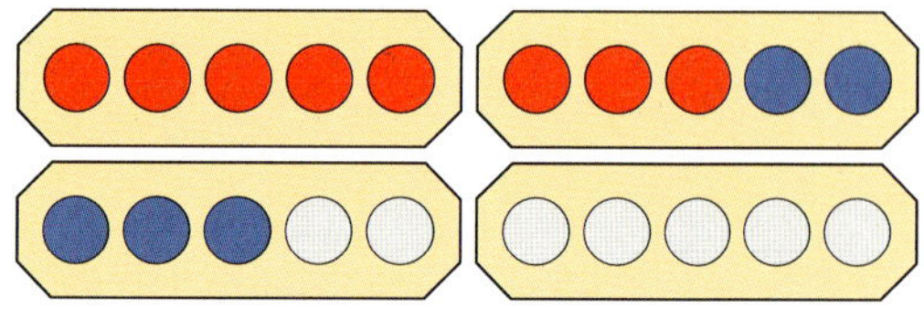

	8	+	5	=		
	8	+	2	=	1	0
1	0	+	3	=	1	3

1 a)  b) 

2

a)

	8	+	6	=		
	8	+	2	=	1	0
1	0	+	4	=		

b)

	7	+	4	=		
	7	+	3	=	1	0
1	0	+	1	=		

c)

	6	+	9	=		
	6	+		=	1	0
1	0	+		=		

3

a)

	7	+	6	=		
	7	+		=		
1	0	+		=		

b)

	4	+	7	=		
	4	+		=		
1	0	+		=		

c)

	9	+	9	=		
	9	+		=		
1	0	+		=		

4

a) 8 + 4
5 + 8
9 + 4
7 + 5

b) 5 + 5
6 + 6
7 + 7
8 + 8

c) 9 + 3
4 + 8
8 + 3
6 + 7

d) 8 + 5
9 + 5
9 + 6
9 + 7

5

a) 4 + 9
2 + 9

b) 3 + 9
3 + 8

c) 4 + 7
5 + 6

d) 5 + 7
5 + 9

Subtrahieren mit Zehnerübergang

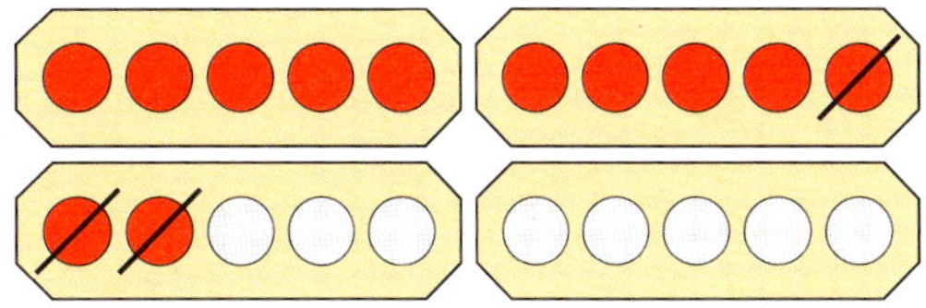

1	2	−	3	=		
1	2	−	2	=	1	0
1	0	−	1	=		9

1 a)

b)

2

a)

1	7	−	9	=		
1	7	−	7	=	1	0
1	0	−	2	=		

b)

1	2	−	8	=		
1	2	−	2	=	1	0
1	0	−	6	=		

c)

1	5	−	6	=		
1	5	−		=	1	0
1	0	−		=		

3

a)

1	6	−	9	=		
1	6	−		=		
1	0	−		=		

b)

1	3	−	7	=		
1	3	−		=		
1	0	−		=		

c)

1	4	−	8	=		
1	4	−		=		
1	0	−		=		

4

a) 15 − 6
18 − 9
13 − 5
12 − 6

b) 16 − 8
14 − 7
12 − 5
18 − 9

c) 19 − 6
18 − 6
17 − 6
16 − 6

d) 14 − 5
18 − 8
13 − 9
12 − 9

5

a) 11 − 8
11 − 9

b) 12 − 7
12 − 4

c) 13 − 4
14 − 6

d) 15 − 9
15 − 8

Wiederholen und Üben

1 a) 

b) 

2 a) 12 ■ 14 b) 13 ■ 15 c) 9 ■ 11 d) 18 ■ 20

3 a) ■ 12 ■ b) ■ 8 ■ c) ■ 19 ■ d) ■ 10 ■

4 a) 13 14 ■ ■ ■ ■ 19 b) 8 ■ ■ ■ ■ 13

5 a) 17 16 ■ ■ ■ ■ 11 b) 13 ■ ■ ■ ■ 8

6 Setze ein: >, < oder =

a)	b)	c)	d)
14 ■ 19	13 ■ 8	17 ■ 20	15 ■ 13
18 ■ 11	15 ■ 17	9 ■ 19	17 ■ 17
15 ■ 15	19 ■ 20	10 ■ 8	11 ■ 3

7 a) 

b) 

8

a)	b)	c)	d)
12 + 6	16 – 4	8 + 3	16 – 8
13 + 4	18 – 7	7 + 6	18 – 9
15 + 2	19 – 6	9 + 5	15 – 7
14 + 3	15 – 3	8 + 8	13 – 8

Zahlen bis 100

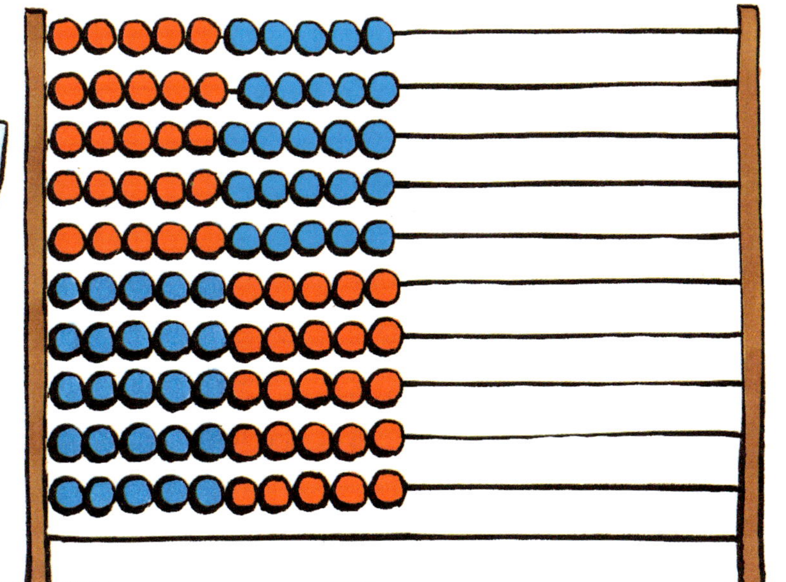

Schätzen und bündeln

1 Wo sind mehr? Schätze.

a) 

b) 

c) 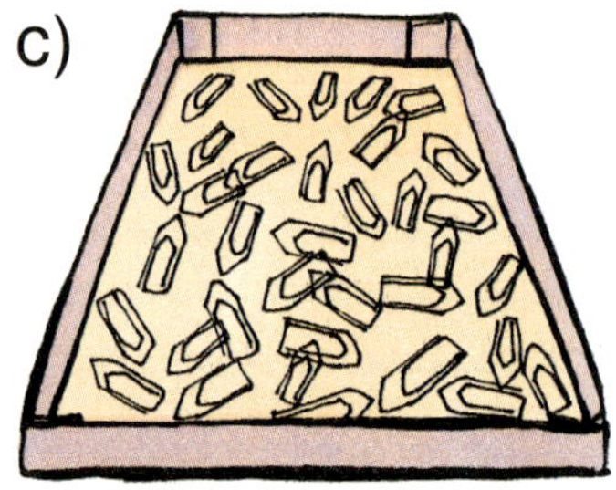

2 Wie viele sind es?

a) 

Zehnerbündel	Einzelne

b) 

Zehnerbündel	Einzelne

c) 

Zehnerbündel	Einzelne

3

a) 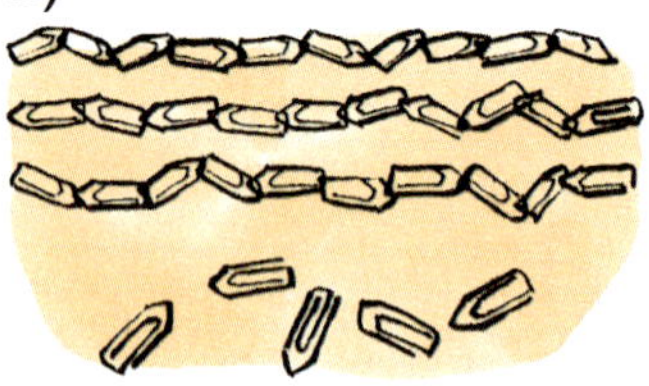

Zehnerketten	Einzelne

b) 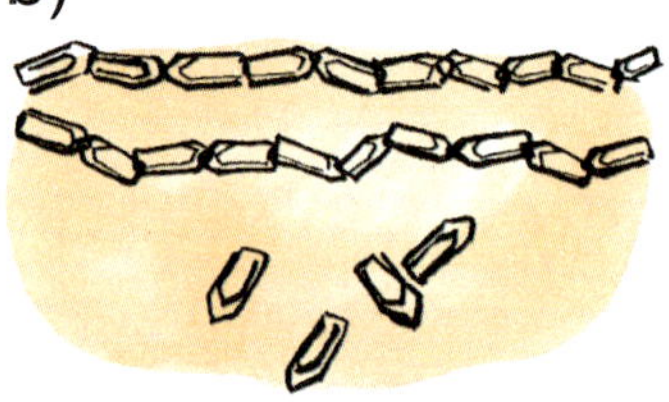

Zehnerketten	Einzelne

c) 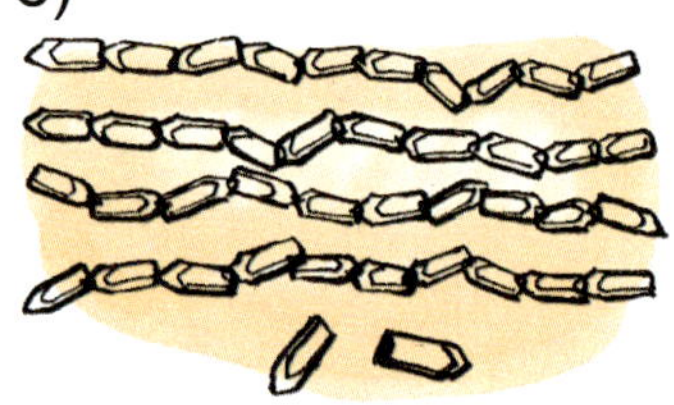

Zehnerketten	Einzelne

4

a) 

Zehnerfächer	Einzelne

b) 

Zehnerfächer	Einzelne

c) 

Zehnerfächer	Einzelne

Zehnerzahlen

1 Wie viele sind es? Ordne zu.

a) 20

a)

b)

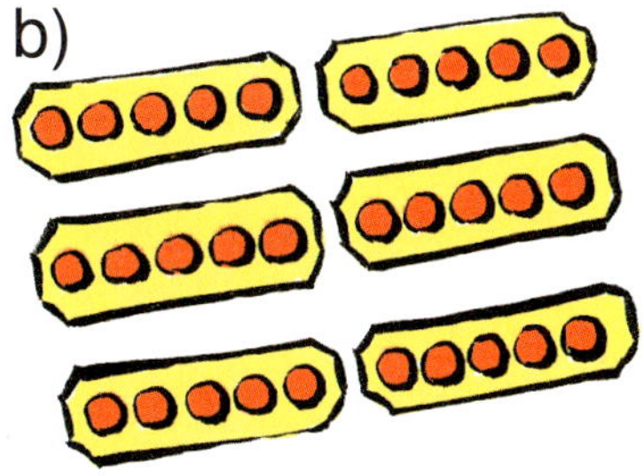

c)

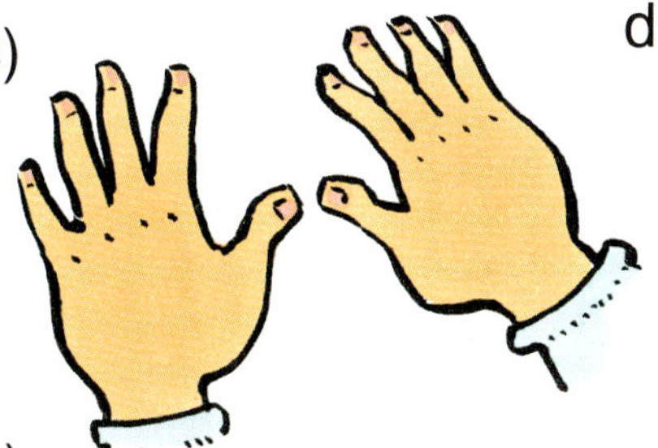

d)

e)

f)

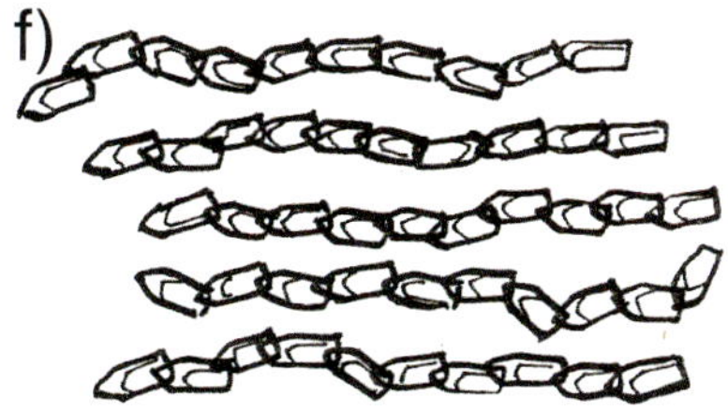

g)

h)

i)

j)

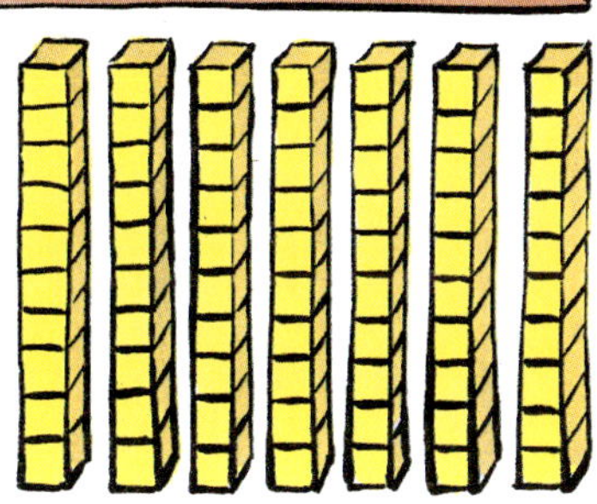

10

20

30

40

50

60

70

80

90

100

Hunderter – Zehner – Einer

1 Was gehört zusammen?

2 Lege mit Rechenblöcken.

Wie viele **Einer** passen in den **Zehner**?	Wie viele **Zehner** passen in den **Hunderter**?
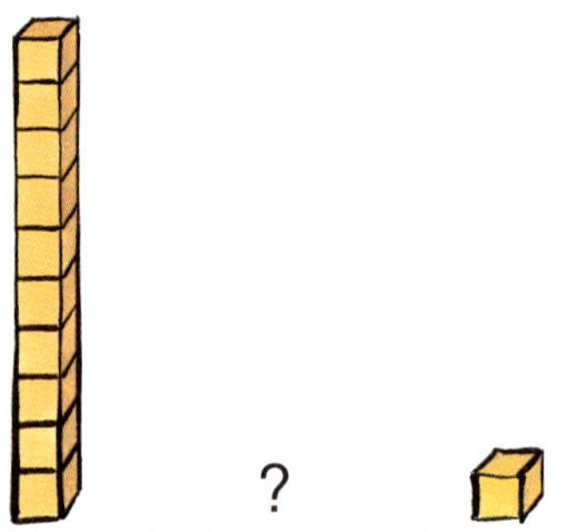	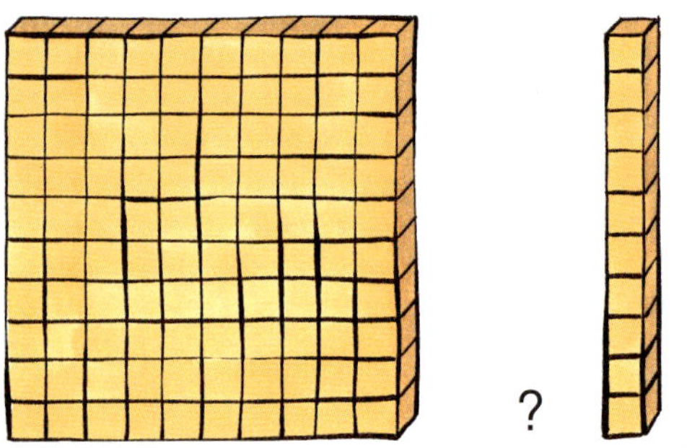
1 Z = ▢ E	1 H = ▢ Z

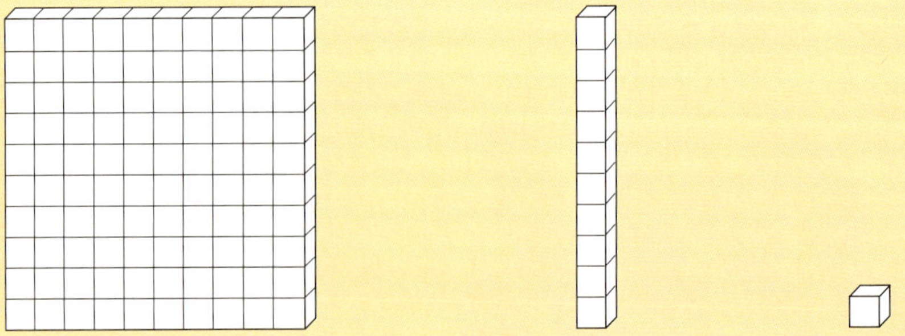

Hunderter		**Zehner**		**Einer**
1 H	**=**	**10 Z**	**=**	**100 E**

Zahlen legen

1 Wie heißen die Zahlen?

a) 20

a) 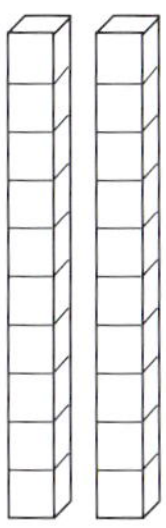 b) 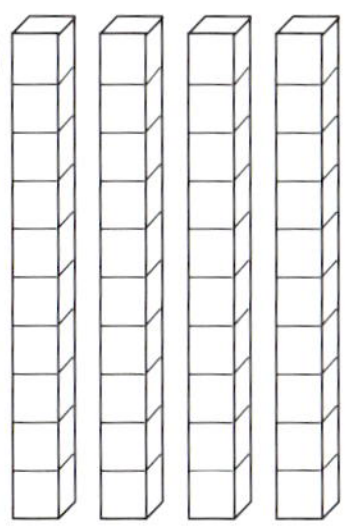 c) 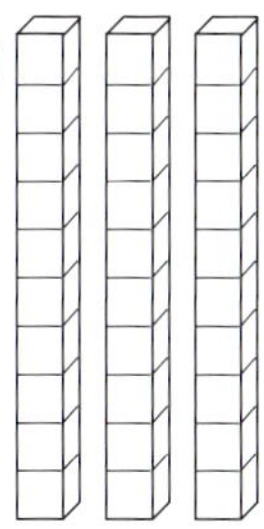 d) 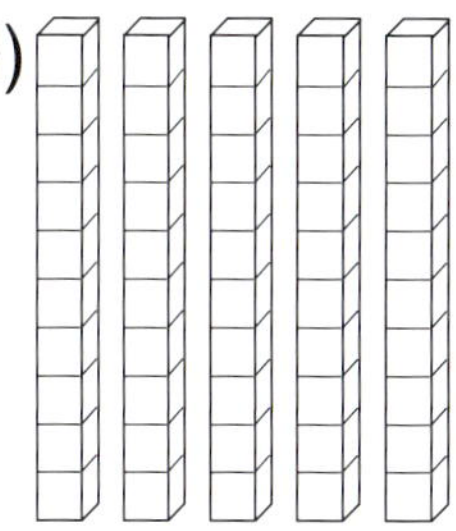

2

a) 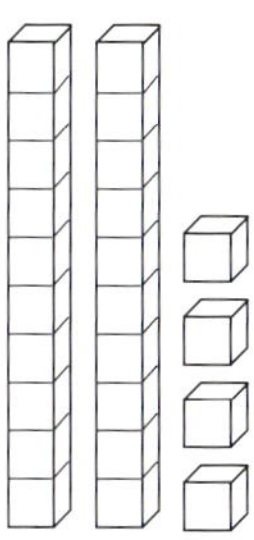 b) 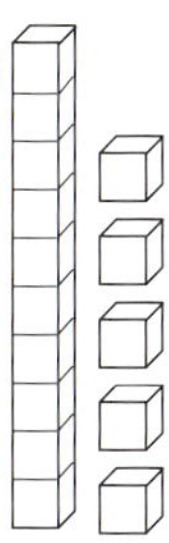 c) 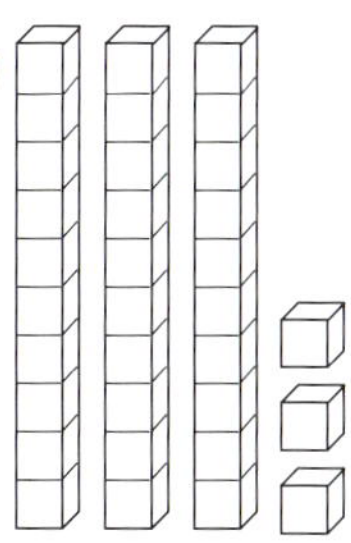 d) 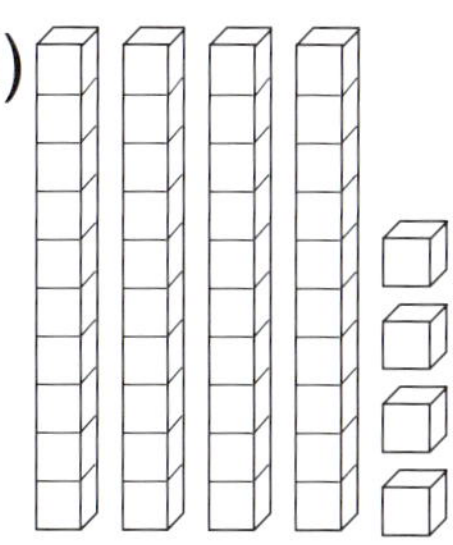

3 Lege die Zahlen mit den Rechenblöcken.
Zeichne und schreibe sie danach in dein Heft.

a)  b) 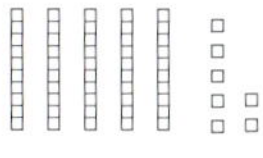 c) 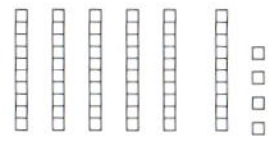

d) 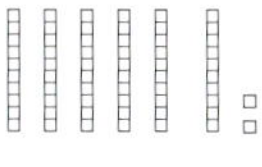 e) f) 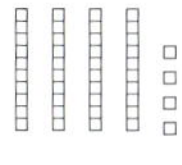

4 Lege die Zahlen.
Zeichne und schreibe sie danach in dein Heft.

13 35 36 42 56 40 34 44

a) 
13

Zahlen zerlegen

Z	E
3	2

1 Lege die Zahlen.

32 43 60 45 19 22 69 29 8 67

2 Zerlege in Zehner und Einer.

a) 24 = 20 + 4

a) 24 b) 28 c) 40 d) 34 e) 87

3 Lies die Zahlen laut vor. Trage sie danach in eine Stellenwerttafel ein.

a) 35 b) 73 c) 69 d) 80
19 22 54 7

Zahl	Z	E
35	3	5

4 Wie heißen die Zahlen?
Lege und schreibe wie im Beispiel.

3 Z 7 E = 37

a) 3Z 7E b) 2Z 4E c) 9Z 5E d) 7Z 4E e) 5Z 1E
6Z 3E 4Z 0E 3Z 0E 6Z 6E 7Z 0E

5 Schreibe wie im Beispiel.

50 + 8 = 58

a) 50 + 8 b) 20 + 4 c) 30 + 0 d) 50 + 5 e) 8 + 70
40 + 6 10 + 7 40 + 2 70 + 8 3 + 20

6 Welche Zahlen kannst du würfeln?

Zahl	Z	E	
32	3	2	❘❘❘:
23	2	3	❘❘:

Zahlen vergleichen

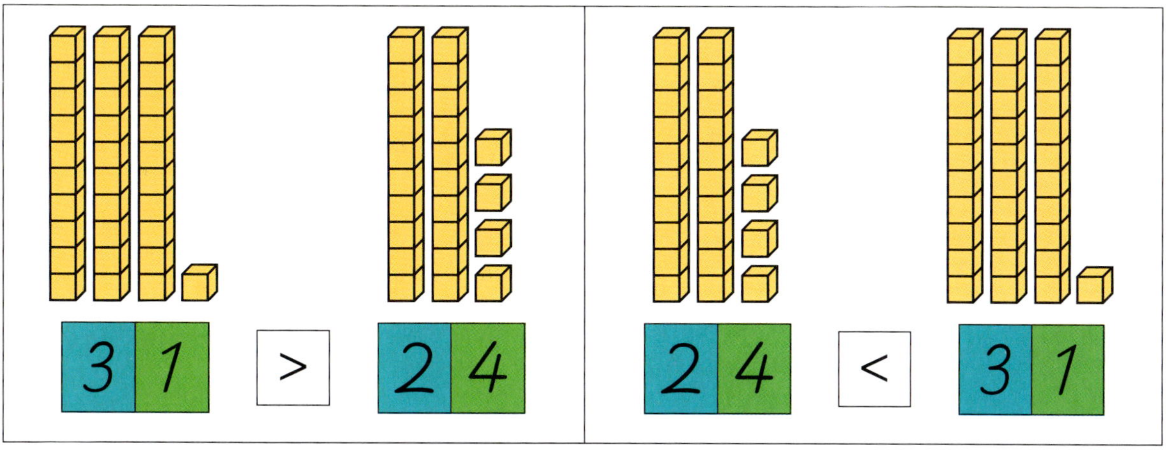

1 Schreibe die Zahlen und setze ein:
>, < oder =

a) 3 2 > 3 4

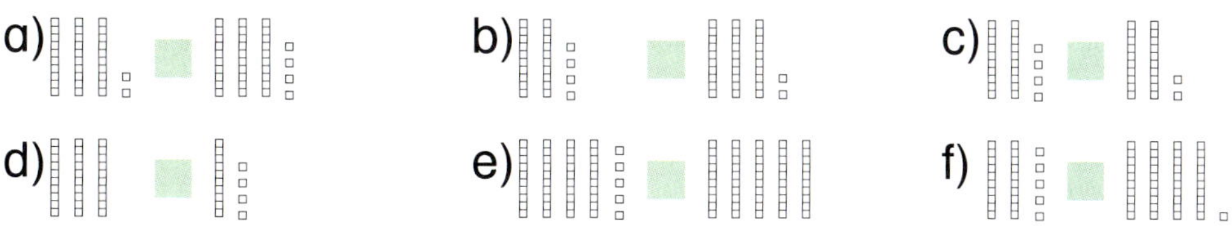

2 Setze ein: >, < oder =

a) 47 ▢ 48
37 ▢ 73

b) 30 ▢ 29
67 ▢ 71

c) 74 ▢ 74
14 ▢ 41

3

a) 12 ▢ 23
56 ▢ 50
45 ▢ 45

b) 72 ▢ 24
33 ▢ 18
53 ▢ 54

c) 23 ▢ 23
37 ▢ 19
16 ▢ 60

d) 91 ▢ 91
59 ▢ 95
29 ▢ 31

4 Ordne die Zahlen nach der Größe.
Beginne mit der kleinsten Zahl.

a)

b)

c)

a)

Z	E
1	4
2	2
4	1

14 < 22 < 41

Hunderterfeld

	2	3	4	5	6	7	8	9	
11	12	13	14	15	16	17	18	19	20
21	22	23	24	25	26	27		29	30
31	32	33	34	35	36	37	38	39	40
41	42	43	44		46	47	48	49	
51	52	53	54	55	56	57	58	59	60
61		63	64	65	66	67	68	69	70
71	72	73	74	75	76		78	79	80
81	82	83	84	85	86	87	88	89	90
	92	93	94	95	96	97	98	99	100

1 Wie heißen die verdeckten Zahlen?

2 Schreibe auf:

a) alle Zehnerzahlen
b) alle Zahlen zwischen 50 und 60
c) alle Zahlen mit 5 Einern
d) alle Zahlen mit 3 Zehnern

1 Wie viele Felder sind zu sehen?

a) 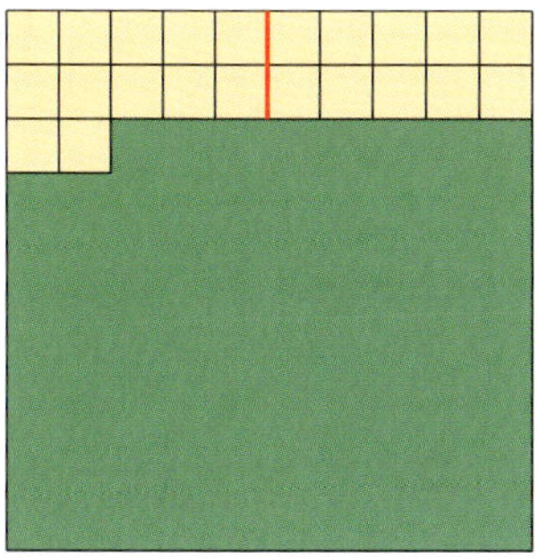

b) 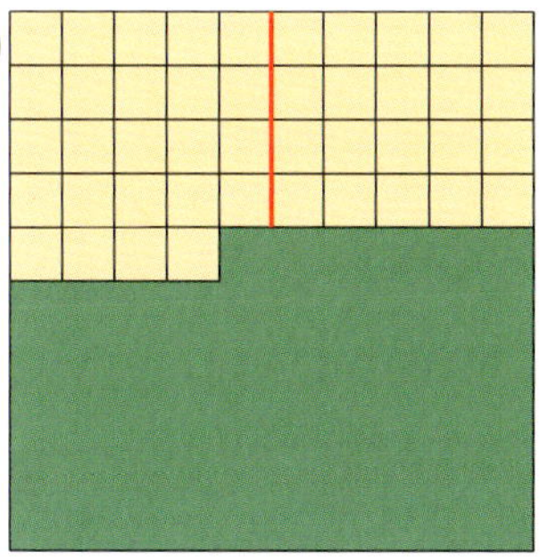

c) 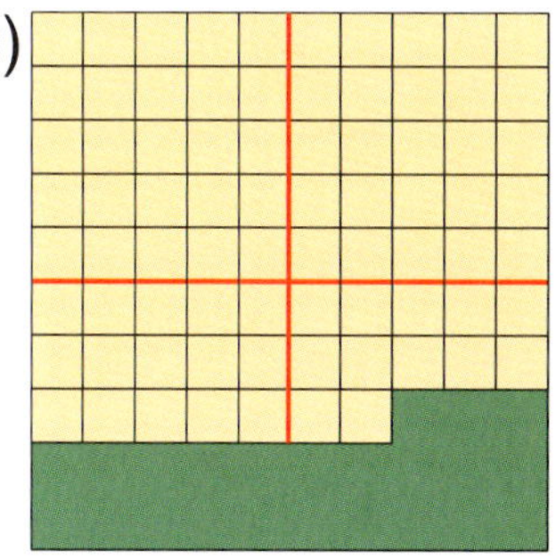

2 Wie heißen die fehlenden Zahlen?

a)

3		5	

b)

10
20

c)

25
45

d)

17			20

3 Wie heißen die fehlenden Zahlen?

a)

1			

b)

11	

c)

24	

d)

13			

Übungen am Zahlenstrahl

1 Bis zu welcher Zahl sind die Tiere gekommen?

2 Über welchen Zahlen sitzen die Tiere?

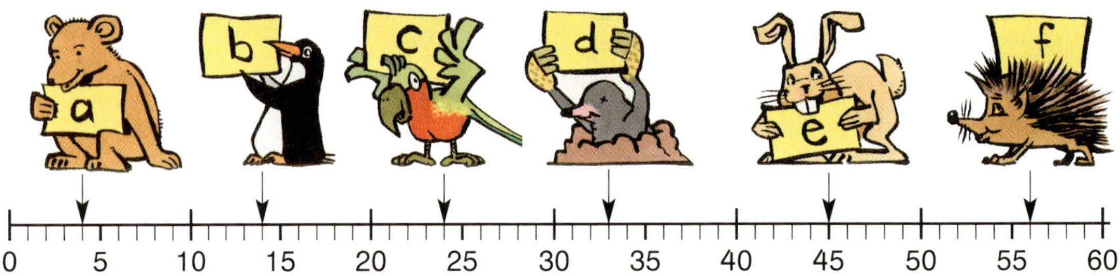

3 Wie heißen die Zahlen bei den Fahnen?

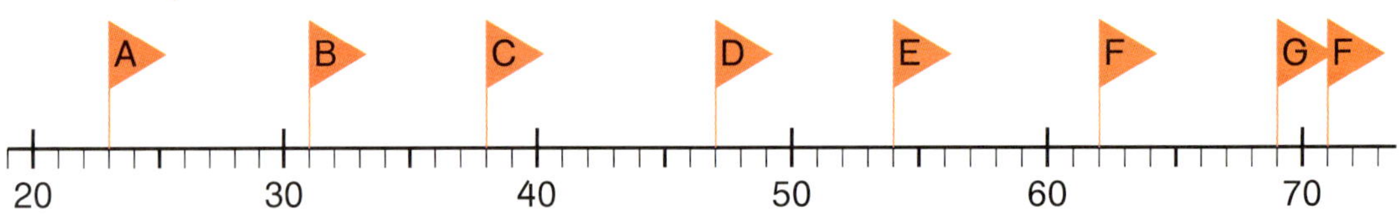

4 Zwischen welchen Zehnern liegen die Zahlen?

A: 30 | 34 | 40

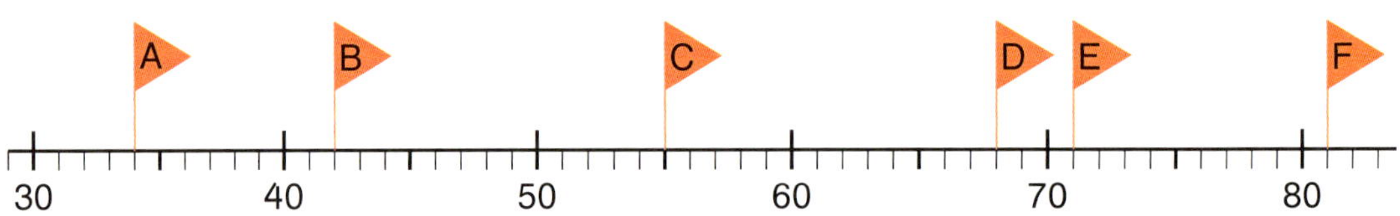

5 Schreibe zu jeder Zahl Vorgänger und Nachfolger auf.

A: 43 | 44 | 45

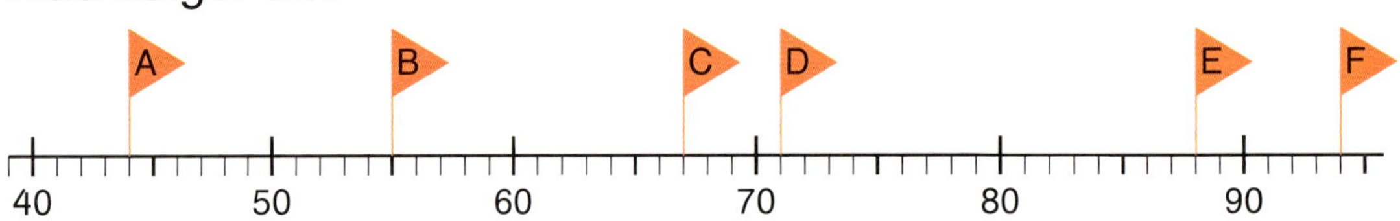

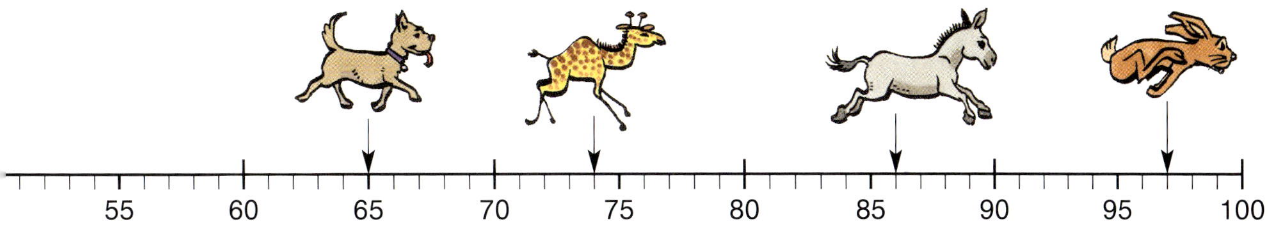

1 Schreibe zu jeder Zahl Vorgänger und Nachfolger auf.

32   76   54   20   49   10   95   40   55   99

2 Setze die Zahlenreihen fort.

a)	12	13									23
b)	37	38									48
c)	76	77									87

3 Setze die Zahlenreihen fort.

a)	28	27									17
b)	44	43									33
c)	93	92									82

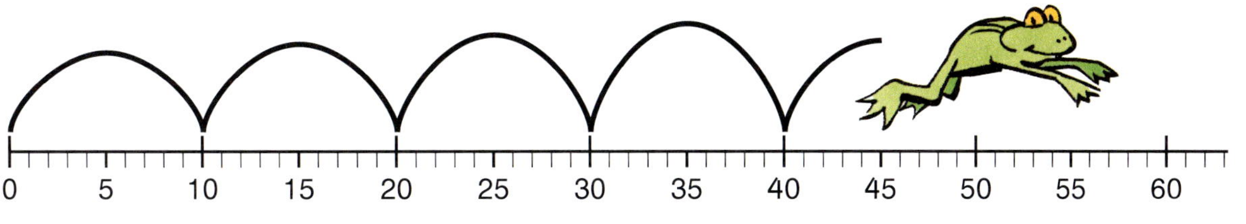

4 Setze die Zahlenreihen fort.

a)	10	20							100
b)	10	15							55
c)	90	80							0

Wiederholen und Üben

1

a)  b) 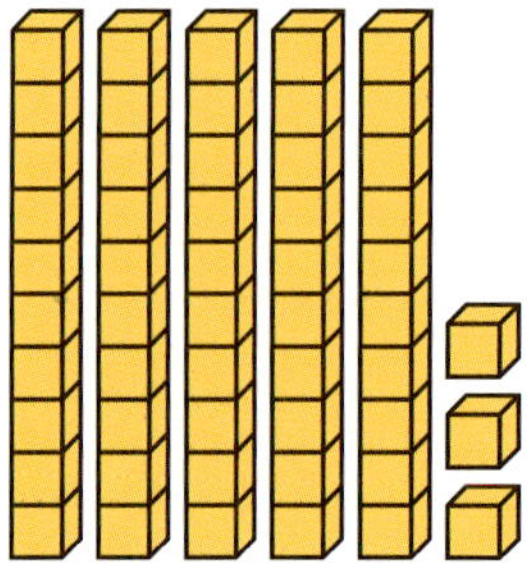 c) 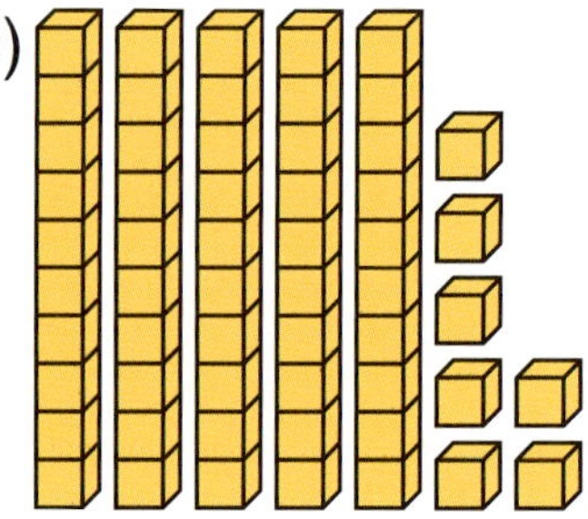 d) 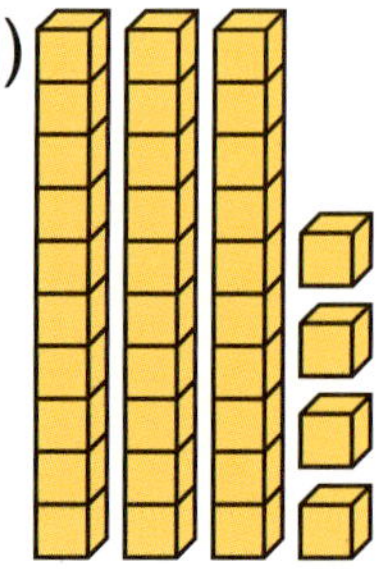

2 Wie viele Felder sind zu sehen?

a) 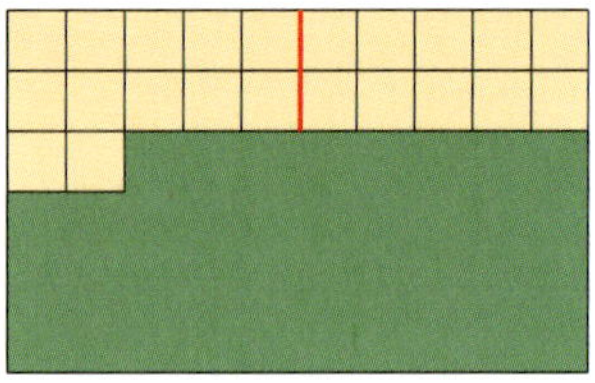 b) 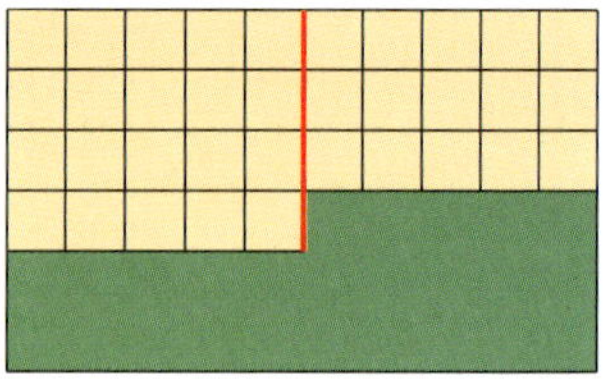 c) 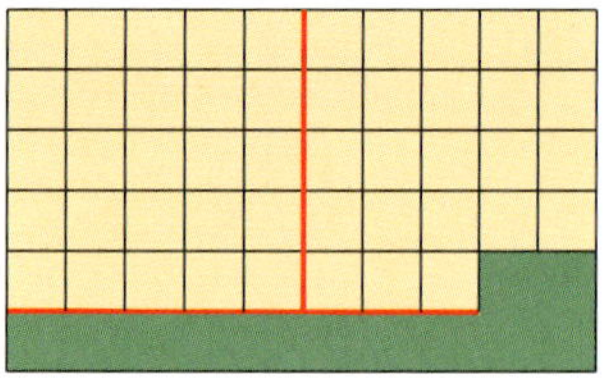

3 Schreibe zu jeder Zahl Vorgänger und Nachfolger auf.

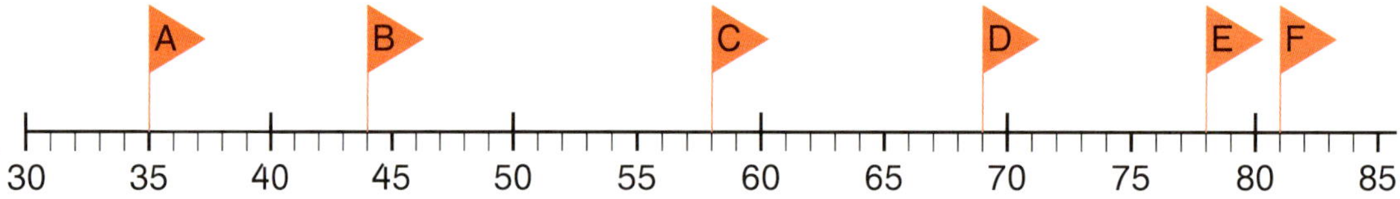

4 Setze ein: >, <, =

a) 45 ▢ 23
67 ▢ 55
62 ▢ 54
31 ▢ 13

b) 20 ▢ 16
76 ▢ 67
91 ▢ 91
63 ▢ 36

c) 9 ▢ 90
23 ▢ 24
47 ▢ 51
59 ▢ 61

d) 52 ▢ 25
83 ▢ 38
15 ▢ 15
66 ▢ 59

5 Setze die Zahlenreihen fort.

a)	48	49										59
b)	77	78										88
c)	56	55										45
d)	25	30										80

SCHULFEST IN DER WALDSCHULE
zur Cafeteria
zum Flohmarkt
Auto 35 Cent
Lkw 50 Cent

Rechnen mit Zehnerzahlen

1 Lege mit Rechengeld. Schreibe auf.

a) 20 + 10 = 30

a) 20 + 10	b) 10 + 20	c) 10 + 40	d) 80 + 10
30 + 20	20 + 40	60 + 30	30 + 40
40 + 40	40 + 30	70 + 20	10 + 70

2

a) 30 – 10	b) 50 – 10	c) 60 – 30	d) 80 – 30
50 – 30	70 – 30	80 – 40	50 – 50
40 – 20	80 – 50	20 – 20	70 – 40

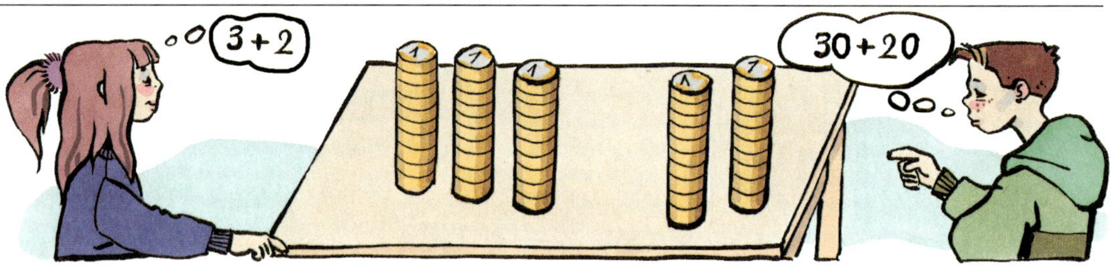

3

a) 3 + 2	b) 2 + 2	c) 6 + 1	d) 7 + 2
30 + 20	20 + 20	60 + 10	70 + 20

4

a) 5 + 3	b) 4 + 3	c) 2 + 5	d) 1 + 6
50 + 30	40 + 30	20 + 50	10 + 60

5

a) 2 – 1	b) 4 – 1	c) 5 – 3	d) 7 – 3
20 – 10	40 – 10	50 – 30	70 – 30

6

a) 3 – 2	b) 5 – 2	c) 4 – 4	d) 8 – 6
30 – 20	50 – 20	40 – 40	80 – 60

Ergänzen

1 Ergänze auf 50 Cent.

a) *20* Cent + *30* Cent = *50* Cent

a) 

b) 

c) 

2

a) 40 Cent + ___ Cent = 60 Cent
30 Cent + ___ Cent = 60 Cent

b) 40 Cent + ___ Cent = 100 Cent
50 Cent + ___ Cent = 100 Cent

3

a) 30 + ___ = 50
10 + ___ = 50
20 + ___ = 50
40 + ___ = 50

b) 70 + ___ = 80
40 + ___ = 80
50 + ___ = 80
20 + ___ = 80

c) 30 + ___ = 70
30 + ___ = 60
20 + ___ = 90
40 + ___ = 100

4 Die Zahlen in einem Stockwerk ergeben zusammen 100.

a) 

b) 

c) 

Addieren und Subtrahieren ohne Zehnerübergang

1 Lege mit Rechengeld.

a)	b)	c)	d)
10 + 5	11 + 2	32 + 2	16 + 3
20 + 3	21 + 4	13 + 3	31 + 6
40 + 1	13 + 3	42 + 1	55 + 4
70 + 3	14 + 5	24 + 4	22 + 7

2

a) 

b) 

c) 

a) 12 + 5
34 + 5
21 + 5

3 Lege mit Rechengeld.

a)	b)	c)	d)
15 – 2	26 – 3	61 – 1	48 – 2
17 – 1	23 – 2	54 – 3	59 – 7
16 – 4	18 – 6	75 – 2	88 – 5
19 – 5	45 – 5	58 – 3	76 – 5

4

a) 

b) 

c) 

d) 

Addieren und Subtrahieren von Zehnerzahlen

1 Lege mit Rechengeld.

a)	b)	c)	d)
14 + 10	35 + 10	45 + 20	57 + 20
31 + 10	25 + 20	38 + 30	53 + 40
25 + 10	12 + 20	51 + 30	39 + 50
17 + 10	32 + 20	43 + 40	11 + 70

2 Lege mit Rechengeld.

a)	b)	c)	d)
22 – 10	34 – 10	72 – 10	88 – 20
27 – 10	34 – 20	56 – 30	75 – 50
36 – 10	45 – 20	65 – 20	79 – 70
18 – 10	39 – 30	81 – 50	76 – 60

3 Tabea hat 15 Cent.
Sie bekommt
10 Cent dazu.
Wie viel Geld hat Tabea nun?

Frage: Wie viel Geld hat Tabea nun?
Rechnung: *15 + 10 =* ▢
Antwort: Tabea hat jetzt ▢ Cent.

4 Michel hat 68 Cent. Er gibt seiner Schwester 20 Cent.
Wie viel Geld hat Michel jetzt noch?

5

a)

b)

c)
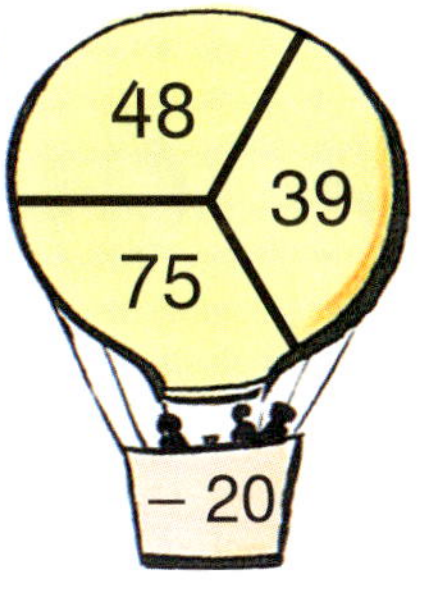

d)

Halbschriftliches Addieren

32 + 12 =
32 + 10 = 42
42 + 2 = 44

1 a) 25 + 13 =
25 + 10 = ☐
☐ + 3 = ☐

b) 43 + 12 =
43 + 10 = ☐
☐ + 2 = ☐

c) 28 + 21 =
28 + 20 = ☐
☐ + 1 = ☐

2 Lege mit Rechengeld. Addiere.

a)	b)	c)	d)
21 + 13	22 + 15	14 + 23	25 + 23
14 + 15	43 + 16	52 + 25	41 + 34
37 + 11	30 + 21	37 + 21	67 + 12
20 + 12	13 + 24	32 + 46	54 + 45

3 Rieke hat 24 Cent. Sie erhält noch 15 Cent.
Wie viel Cent hat Rieke jetzt?

4 a)

b)

c)

a) 22 + 14
51 + 14
75 + 14
10 + 14

Halbschriftliches Subtrahieren

$38 - 15 =$

$38 - 10 = 28$

$28 - 5 = 23$

1 a) $45 - 12 =$
$45 - 10 =$ ▢
▢ $- 2 =$ ▢

b) $56 - 14 =$
$56 - 10 =$ ▢
▢ $- 4 =$ ▢

c) $39 - 25 =$
$39 - 20 =$ ▢
▢ $- 5 =$ ▢

2 Lege mit Rechengeld. Subtrahiere.

a)	b)	c)	d)
54 – 13	96 – 14	66 – 35	84 – 53
49 – 17	53 – 21	73 – 42	71 – 51
67 – 15	44 – 23	58 – 33	95 – 92
83 – 11	26 – 21	37 – 31	72 – 22

3 Torsten hat 88 Cent. Er kauft für 27 Cent ein.
Wie viel Geld hat Torsten noch?

4 a)

b)

c)

a) 35 – 23
66 – 23
58 – 23
44 – 23
73 – 23
45 – 23

Addieren mit Zehnerübergang

1

a)	b)	c)	d)
19 + __ = 20	27 + __ = 30	48 + __ = 50	86 + __ = 90
15 + __ = 20	26 + __ = 30	43 + __ = 50	65 + __ = 70
18 + __ = 20	24 + __ = 30	79 + __ = 80	37 + __ = 40

35 + 8 =

35 + 5 = 40

40 + 3 = 43

2

a)

b)

c)

3 Schreibe wie im Beispiel.

a) 18 + 5 = 23

a)	b)	c)	d)
18 + 5	29 + 3	47 + 5	79 + 7
15 + 8	25 + 7	39 + 2	55 + 5
15 + 9	26 + 5	45 + 8	68 + 4
17 + 6	23 + 7	36 + 6	89 + 6

4 Erkennst du die Spielregel?

Subtrahieren mit Zehnerübergang

1 a) 22 – ▢ = 20   b) 33 – ▢ = 30   c) 55 – ▢ = 50   d) 93 – ▢ = 90
25 – ▢ = 20   39 – ▢ = 30   84 – ▢ = 80   43 – ▢ = 40
27 – ▢ = 20   38 – ▢ = 30   88 – ▢ = 80   67 – ▢ = 60

2 a)
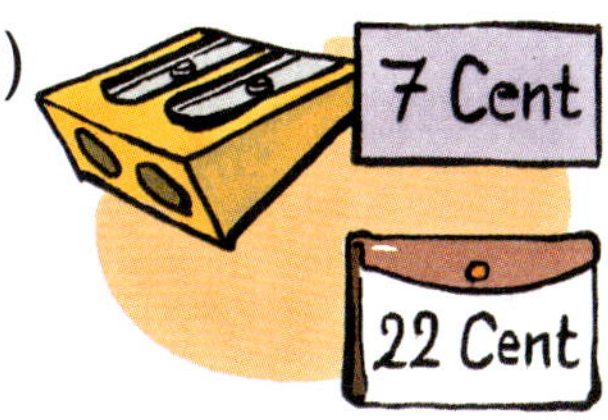

b)

c)

3 Schreibe wie im Beispiel.

a) 21 – 4 = 17

a) 21 – 4   b) 35 – 6   c) 69 – 9   d) 92 – 8
25 – 6   31 – 5   54 – 6   50 – 2
12 – 3   44 – 7   76 – 9   78 – 8

4 Welche Spielregel gilt hier?

Halbschriftliches Addieren mit Zehnerübergang

1

a) 28 + 15 =
28 + 10 = ☐
☐ + 5 = ☐

b) 17 + 16 =
17 + 10 = ☐
☐ + 6 = ☐

c) 39 + 23 =
39 + 20 = ☐
☐ + 3 = ☐

2

a)

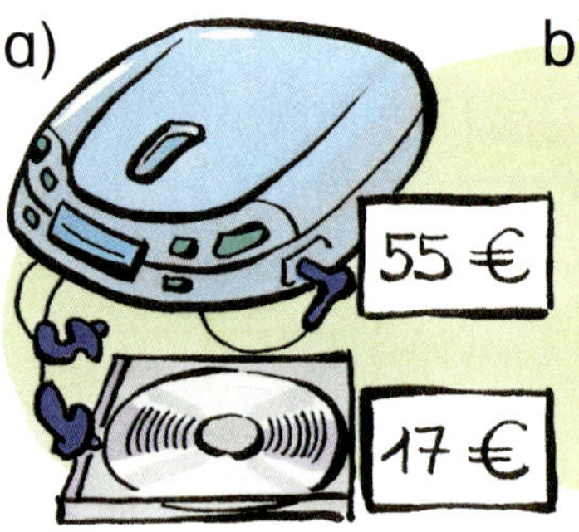

b)

c)

3

Lege mit Rechengeld.

a) 19 + 15
18 + 13
14 + 18

b) 27 + 14
27 + 26
25 + 15

c) 36 + 16
45 + 25
39 + 23

d) 48 + 33
36 + 29
55 + 35

4

a)

b)

c)

d)

Halbschriftliches Subtrahieren mit Zehnerübergang

35 – 17 =
35 – 10 = 25
25 – 7 = 18

1 a) 52 – 15 =
52 – 10 = ☐
☐ – 5 = ☐

b) 41 – 16 =
41 – 10 = ☐
☐ – 6 = ☐

c) 63 – 25 =
63 – 20 = ☐
☐ – 5 = ☐

2 a)

b)

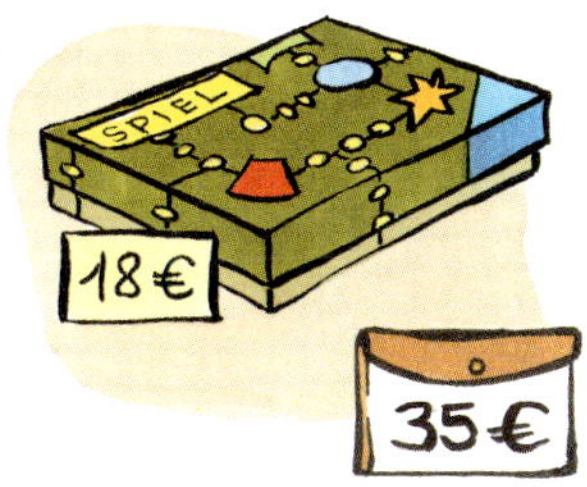

c)

3 Lege mit Rechengeld.

a)	b)	c)	d)
31 – 15	73 – 25	52 – 37	63 – 49
42 – 14	51 – 16	65 – 29	90 – 55
45 – 18	60 – 15	54 – 26	84 – 58
27 – 19	52 – 34	22 – 18	75 – 36

4 a)

b)

c)

d)

Projekt

Mathewerkstatt: Rechenfächer

1
Ein Heft und einen Stift.
Jedes Heft 28 Cent
Jeder Stift 15 Cent

2
35 Cent und 60 Cent.

3
28 €

4
95 €
Ich habe 59 €.

5
67 Cent
15 Cent

6
Das kostet 85 Cent.
Ich habe nur 74 Cent.

Wiederholen und Üben

1

a) 10 + ▢ = 50
20 + ▢ = 50
40 + ▢ = 50
30 + ▢ = 50

b) 20 + ▢ = 70
30 + ▢ = 90
50 + ▢ = 60
10 + ▢ = 80

c) 15 + ▢ = 20
17 + ▢ = 20
13 + ▢ = 20
11 + ▢ = 20

d) 26 + ▢ = 30
45 + ▢ = 50
78 + ▢ = 80
42 + ▢ = 50

2

a) 

b) 

c) 

d) 

3

a) 19 + 2
15 + 6
18 + 5
14 + 8

b) 27 + 4
23 + 7
38 + 3
56 + 9

c) 17 – 5
21 – 3
25 – 7
22 – 6

d) 73 – 5
33 – 9
68 – 8
81 – 5

4

Claudia bezahlt für einen Fahrradhelm 29 € und für ein Bügelschloss 21 €.
Wie viel Euro muss sie insgesamt bezahlen?

5

Franziska hat 75 € gespart. Sie wünscht sich einen Foto-Apparat für 90 €.
Wie viel Euro fehlen noch?

6

a) 

b) 

c) 

d) 

Längen

Längen vergleichen

1 Welcher Stab ist länger?

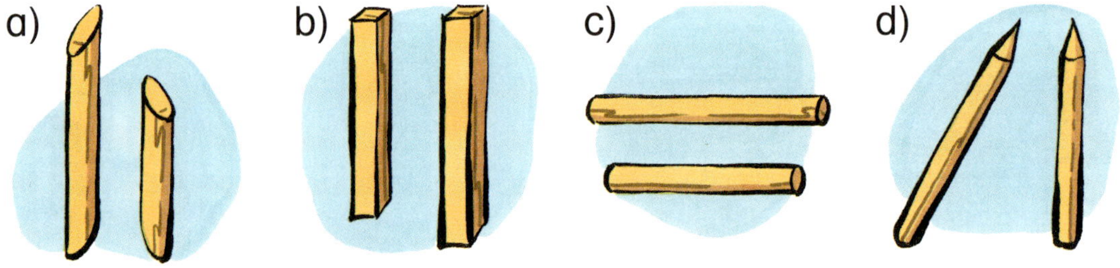

2 Ordne. Beginne mit dem längsten Nagel.

3 Welcher Weg ist am kürzesten?

Mit Körpermaßen messen

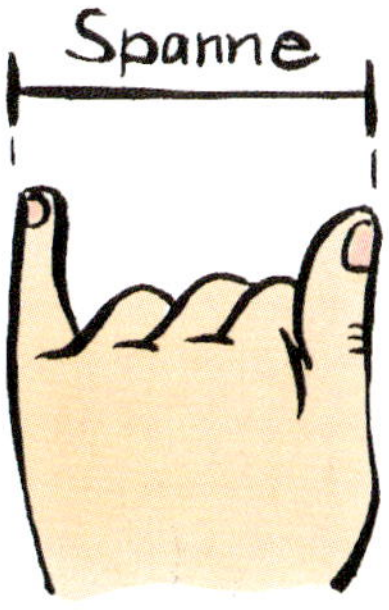

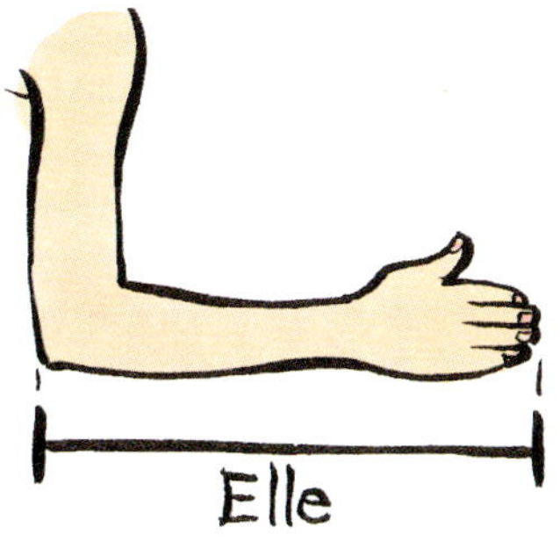

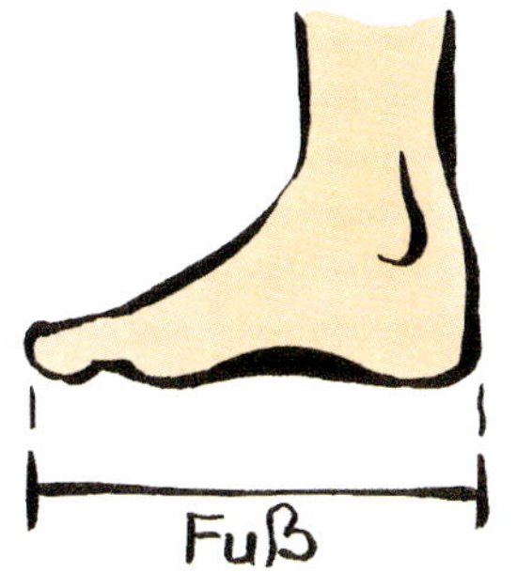

1 Messt mit Körpermaßen. Vergleicht die Ergebnisse.

	Spanne	Elle	Fuß
Tischlänge			
Tischbreite			
Tafelbreite			
Türbreite			
Fensterbank			
Raumlänge			

2 Schneide Pappstreifen in der Länge deiner Körpermaße. Vergleiche mit den Streifen deiner Mitschüler.

Projekt: Meterstab

1 Sucht Gegenstände im Klassenraum, die ungefähr einen Meter lang sind.

2 Messt Räume und Entfernungen auf dem Schulgelände. Schätzt und notiert in einer Tabelle.

	geschätzt	gemessen
Flur		
Pausenhof		
Klasse		
Sporthalle		

3 Veranstaltet einen Wettbewerb im Papierflieger-Weitflug. Messt mit den Meterstäben. Notiert die Ergebnisse in einer Tabelle.

Meter und Zentimeter

1 a) Schneidet aus Karton Streifen mit der Länge 10 cm.
b) Klebt die Streifen auf den Meterstab. Notiert die Zentimeter.

10 Zentimeter (10 cm)

2 a) Messt eure Körpermaße mit dem Meterstab.
b) Notiert die Ergebnisse in einem Pass.

 Name: Lea Größe: 1 m 35 cm	Elle: 30 cm Spanne: 12 cm Fuß: 20 cm

3 Veranstaltet einen Wettbewerb im Wattepusten.

Schätzen und messen

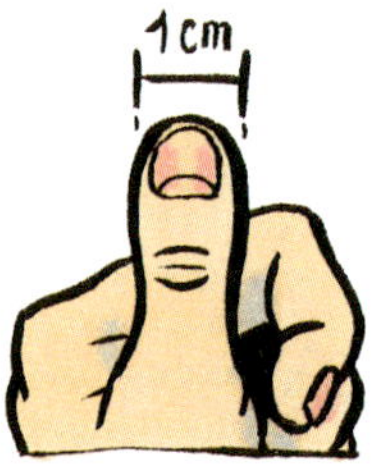

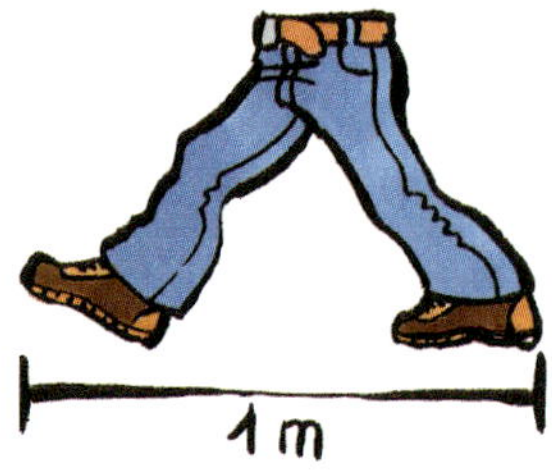

1 Suche Gegenstände, die ungefähr so lang sind:

a) 1 m b) 10 cm c) 1 cm d) 5 cm

2 Ordne die Längen zu.

- 1 m
- 1 cm
- 4 m
- 15 cm
- 60 cm
- 12 m

3 Wie lang sind die Gegenstände?

a) 1 3 cm

a)

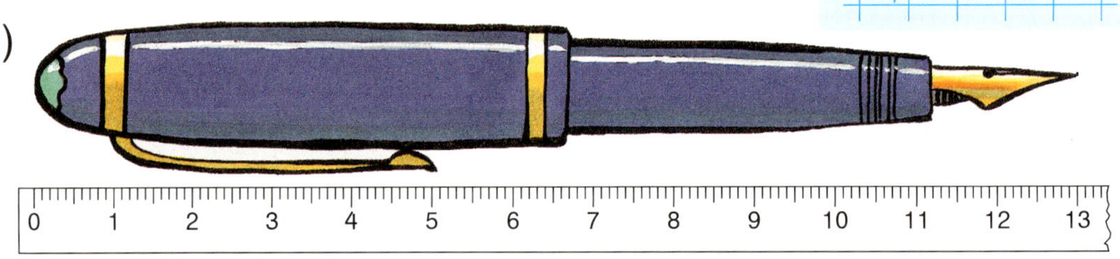

b)

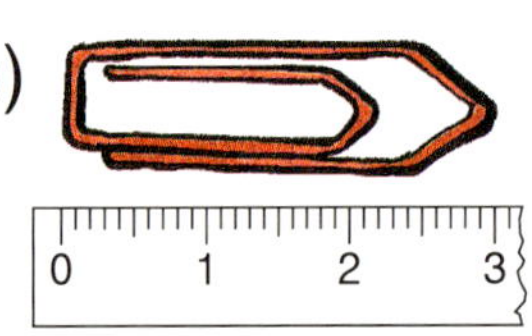

c)

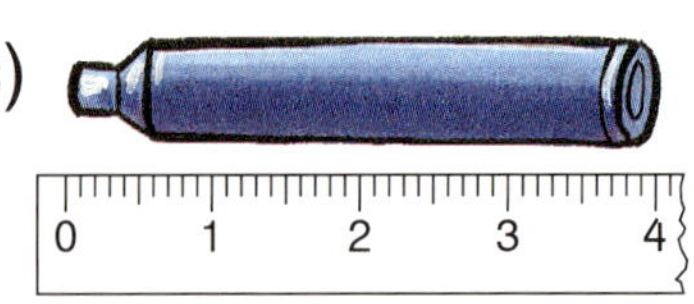

d)

1 Wie lang sind die Stifte? Schätze und miss nach.

a) geschätzt *10* cm
gemessen *9* cm

2 Miss die Längen der Strecken.

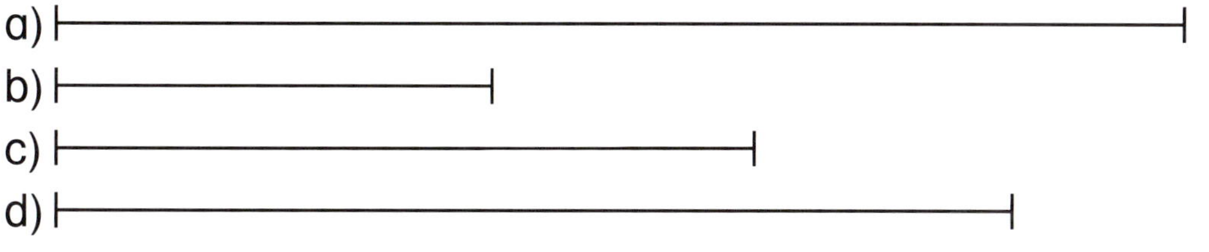

3 Zeichne die Strecken.

a) 4 cm b) 7 cm c) 9 cm d) 12 cm e) 15 cm f) 2 cm

4 Welche Schnecke hat den längsten Weg?

A: *3* cm + ■ cm + ■ cm = ■ cm

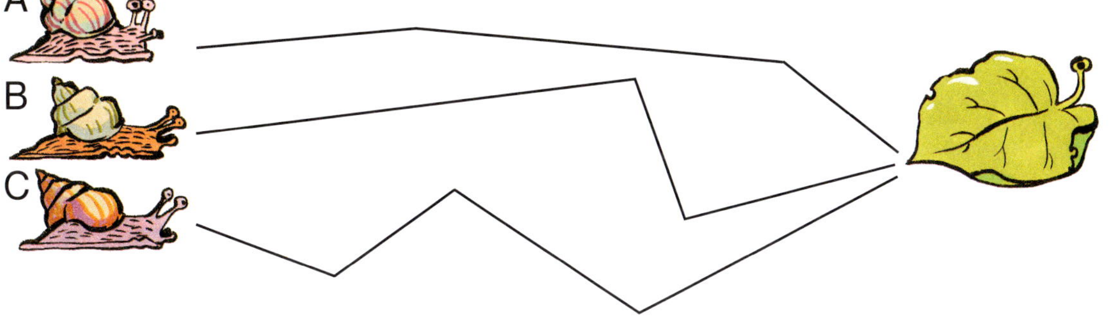

Wiederholen und Üben

1 Ordne. Beginne mit dem längsten Nagel.

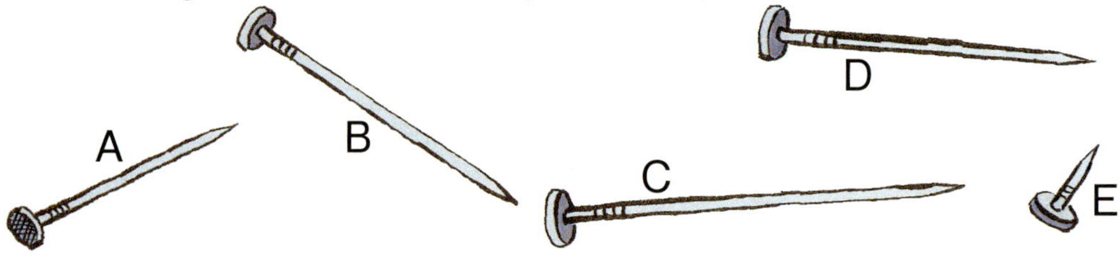

2 Welcher Weg ist länger?

3 Ordne die Längen zu.

1 m

1 cm

4 m

15 cm

50 cm

4 Miss die Entfernungen.

a) 4 cm

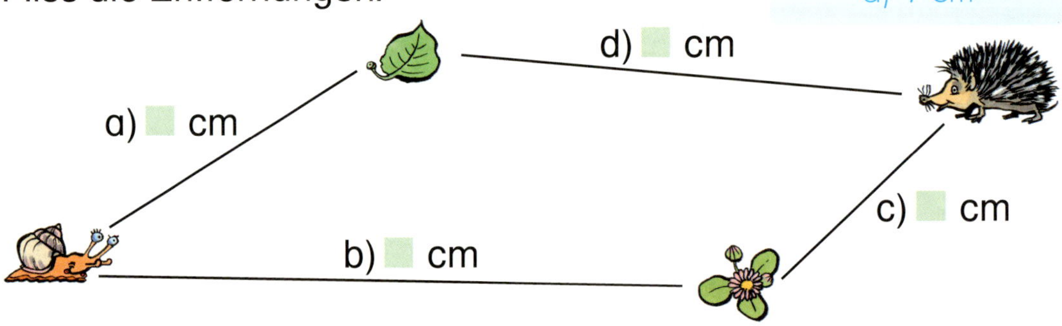

5 Zeichne die Strecken ins Heft.

a) 14 cm b) 3 cm c) 8 cm d) 11 cm e) 5 cm f) 5 cm

Multiplizieren und Dividieren

Vom Addieren zum Multiplizieren

$3 + 3 + 3 + 3 = 12$

$4 \cdot 3 = 12$

1 Schreibe die beiden Aufgaben auf.

a) $3 + 3 = 6$

$2 \cdot 3 = 6$

a) 

b) 

2 a) 

b) 

3 a) 

b) 

4 a) 

b) 

1 a)  b)  c) 

d) 

2

a) $4 + 4 + 4 = 12$

$3 \cdot 4 = 12$

a) 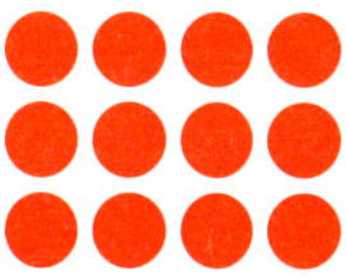 b)  c) 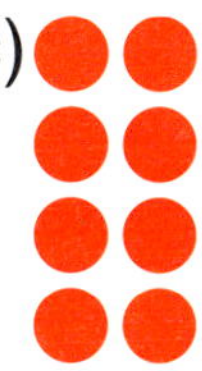 d) 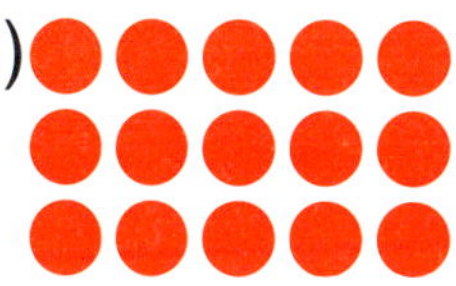

3 a) 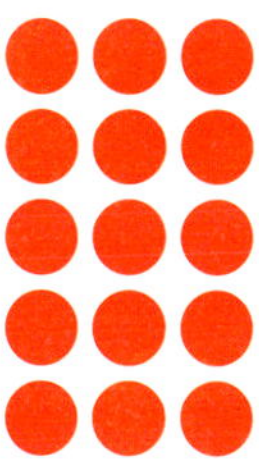 b) 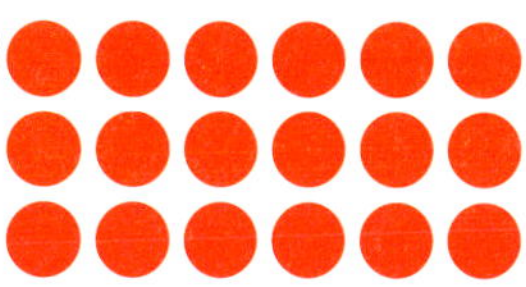 c) 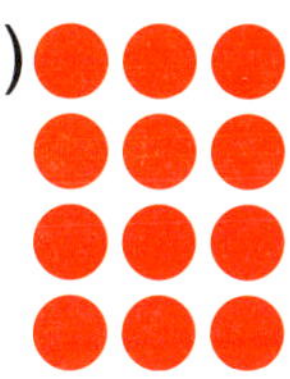 d) 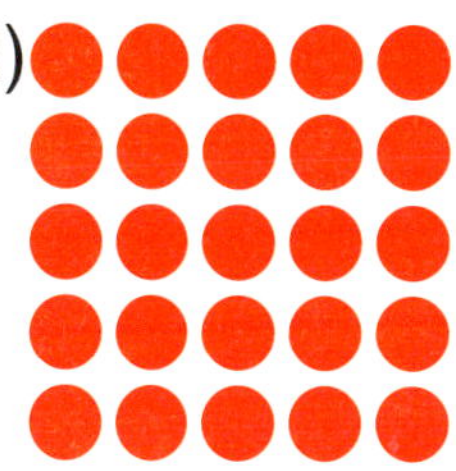

4 Male das Feld. Rechne aus.

a) $4 \cdot 3$ / $5 \cdot 4$

b) $2 \cdot 8$ / $3 \cdot 7$

c) $4 \cdot 5$ / $2 \cdot 6$

d) $3 \cdot 8$ / $2 \cdot 9$

e) $5 \cdot 6$ / $5 \cdot 2$

f) $7 \cdot 2$ / $2 \cdot 7$

5 a) 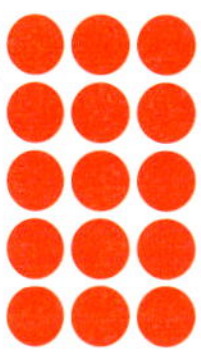 b) 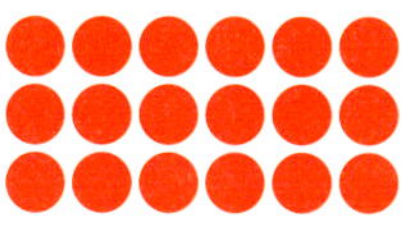 c) 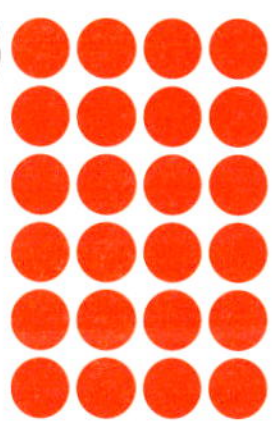

6 Lege Felder mit 12 Plättchen. Welche Möglichkeiten findest du?

Dividieren

30 : 6 = 5

1

a) 12 : 6 = 2

a)

b)

2

a)

b)

3 Lege immer 4 Plättchen in eine Reihe. Wie viele Reihen werden es?

a)

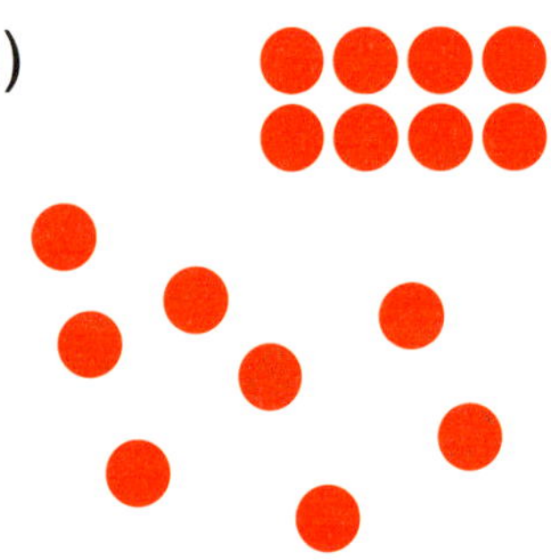

16 : 4 =

b)

12 : 4 =

c)

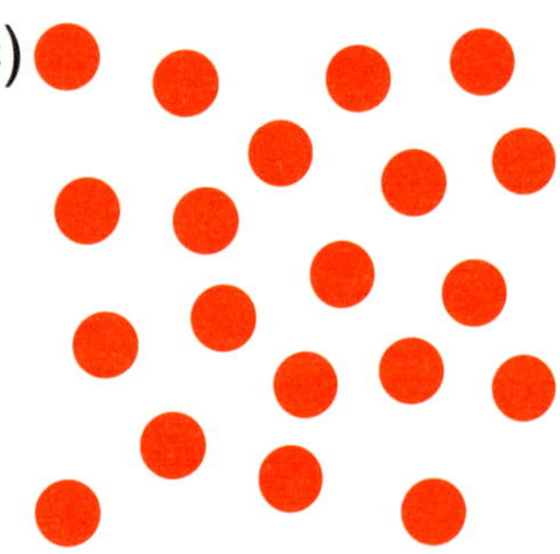

20 : 4 =

1 a)

18 : 3 =

b)

24 : 4 =

2 Wie viele Plättchen bekommt jedes Kind?

15 : 3 =

3 a)

b)

c)

4 a)

b)

c)

Übungen zum Dividieren

1 Immer 5 Apfelsinen kommen in ein Netz.

a) 15 : 5 = 3

a)

b)

2

a)

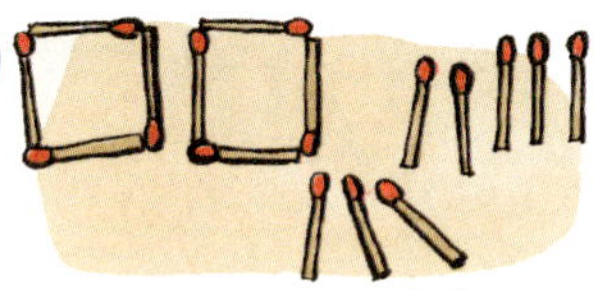

16 : 4 =

b)

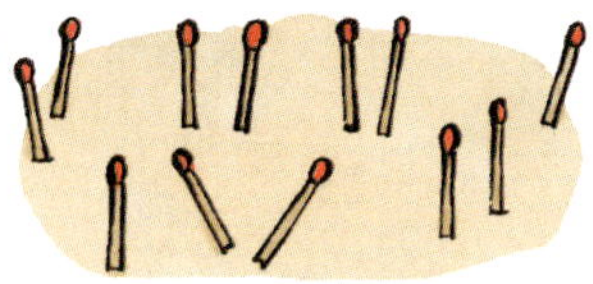

12 : 4 =

c)

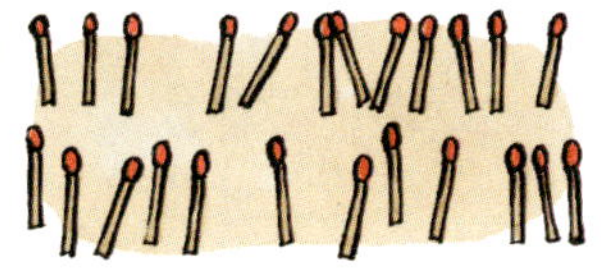

24 : 4 =

3

a)

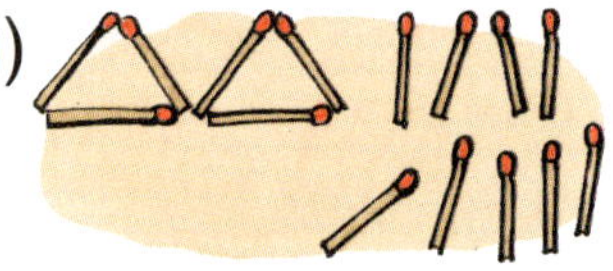

15 : 3 =

b)

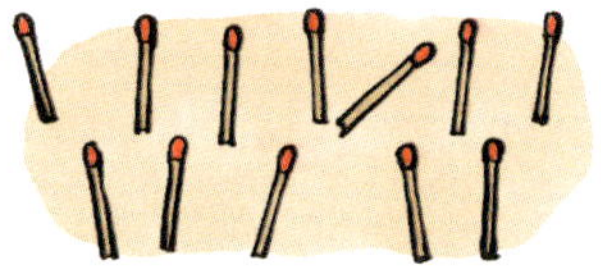

12 : 3 =

c)

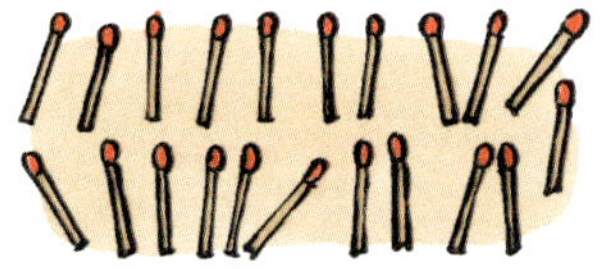

21 : 3 =

4 Wie viele Dreiecke kannst du legen?

a) 6 : 3 = 2

a) 6 Hölzchen b) 9 Hölzchen c) 18 Hölzchen d) 30 Hölzchen

5

a)

b)

c)

6 Lege die Plättchen immer in 3 Reihen.
Wie viele Plättchen kommen in jede Reihe?

a)

b)

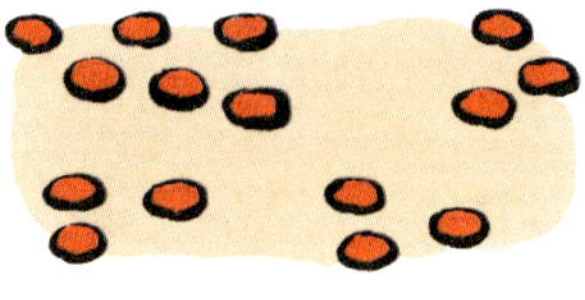

c)

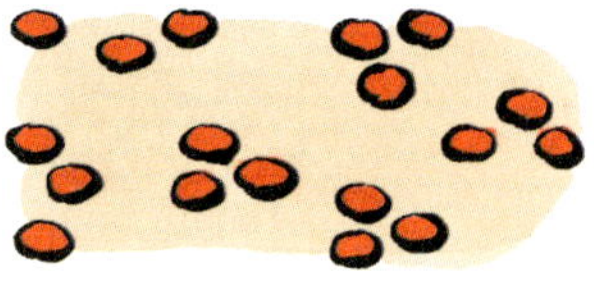

1 a)
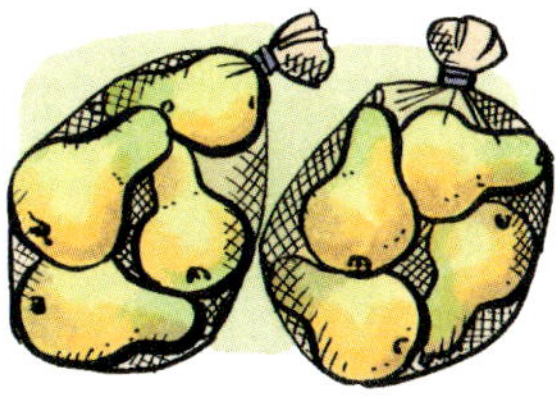

$2 \cdot 4 = 8$ $8 : 4 = 2$

b)

$3 \cdot 5 = 15$ $15 : 5 =$ ☐

c)

$4 \cdot 6 =$ ☐ $24 : 6 =$ ☐

2 a)
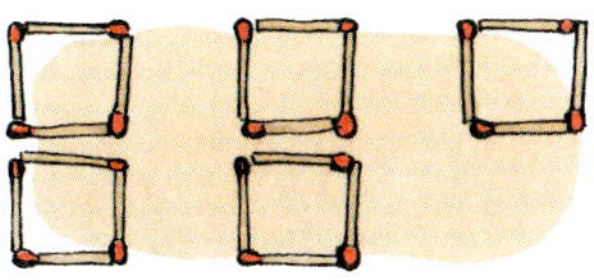

b)
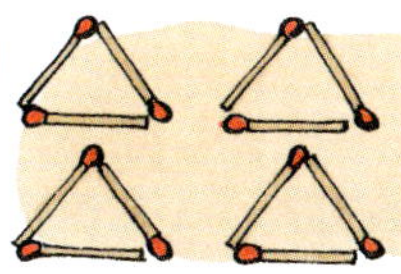

a)		5	·	4	=	2	0
	2	0	:	4	=		5

3 a)
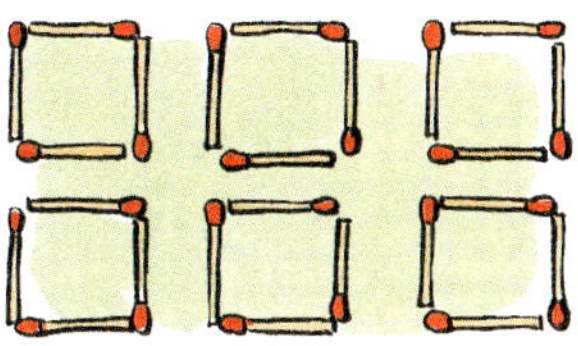

b)
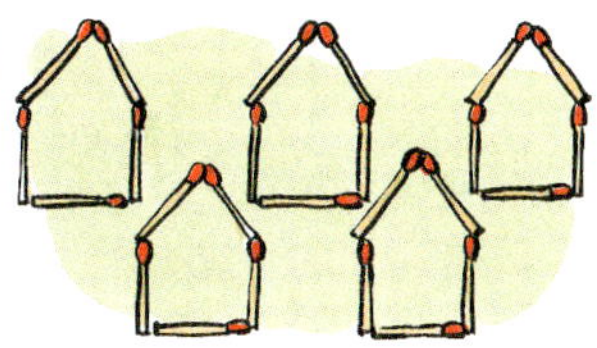

c)
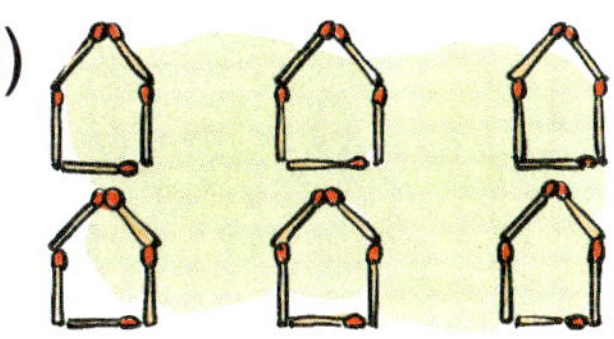

4 a)
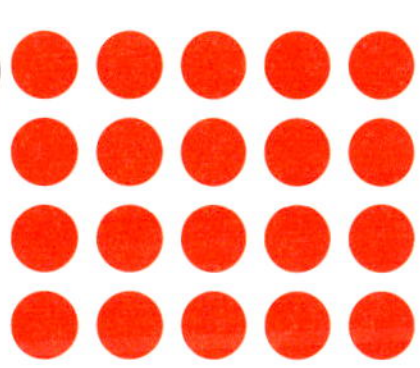

b)

c)
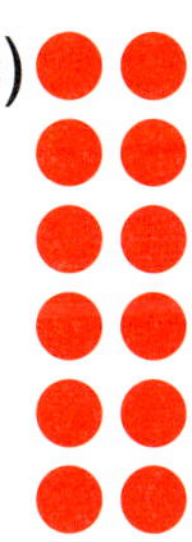

a)		4	·	5	=	2	0
	2	0	:	5	=		4

d)
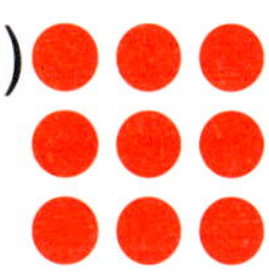

5 a)

$10 : 2 = 5$ $2 \cdot 5 =$ ☐

b)

$12 : 3 =$ ☐ $3 \cdot 4 =$ ☐

6 Wie viele Plättchen bekommt jedes Kind?
Rechne und mache die Probe.

2	4	:	3	=	8		
Probe:		3	·	8	=	2	4

a) 24 Plättchen
3 Kinder

b) 24 Plättchen
6 Kinder

c) 20 Plättchen
4 Kinder

Einmaleins mit 2

1

a)

2 + 2 + 2 = ▢

3 · 2 = ▢

b)

2 + 2 = ▢

2 · 2 = ▢

c)

2 + 2 + 2 + 2 = ▢

4 · 2 = ▢

2

a)

b)

c)

3

a)

b)

c)

d)

4

a)

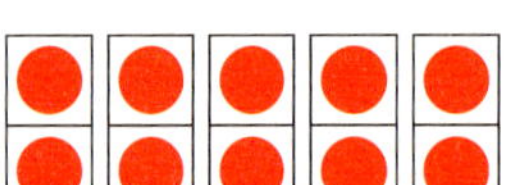

5 · 2 = ▢

b)

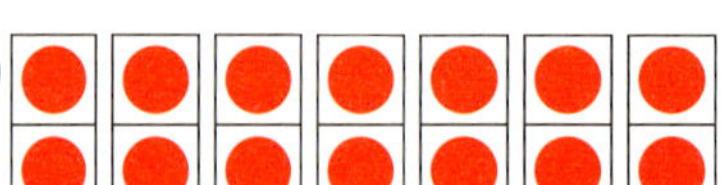

7 · 2 = ▢

c)

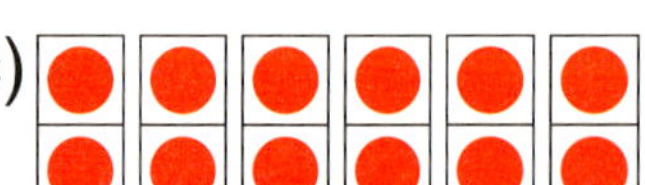

6 · 2 = ▢

1 Zähle in 2er-Schritten bis 20. Zeige die Zahlen.

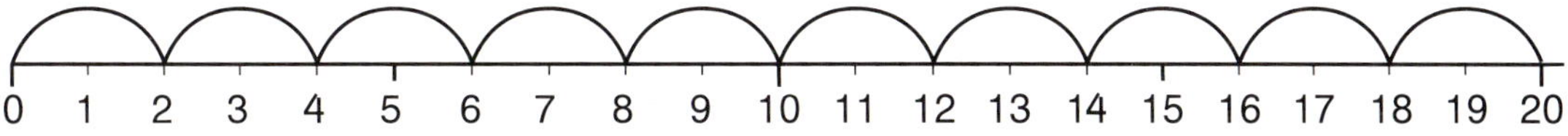

2

a) 2 · 2
3 · 2

b) 5 · 2
6 · 2

c) 5 · 2
4 · 2

d) 10 · 2
9 · 2

e) 2 · 2
4 · 2

f) 4 · 2
8 · 2

1 · 2 = 2
2 · 2 =
3 · 2 =
4 · 2 =
5 · 2 = 10
6 · 2 =
7 · 2 =
8 · 2 =
9 · 2 =
10 · 2 = 20

3

a) 2 · 2
3 · 2
4 · 2

b) 10 · 2
9 · 2
8 · 2

c) 1 · 2
3 · 2
5 · 2

d) 2 · 2
0 · 2
10 · 2

e) 9 · 2
7 · 2
5 · 2

4

a) 10 = ☐ · 2
12 = ☐ · 2
14 = ☐ · 2

b) 6 = ☐ · 2
4 = ☐ · 2
2 = ☐ · 2

c) 16 = ☐ · 2
18 = ☐ · 2
20 = ☐ · 2

d) 8 = ☐ · 2
0 = ☐ · 2
10 = ☐ · 2

5

a) 

3 · 2 = 6 6 : 2 = ☐

b) 

5 · 2 = ☐ 10 : 2 = ☐

c) 

4 · 2 = ☐ ☐ : 2 = ☐

6

a) 5 · 2
10 : 2

b) 7 · 2
14 : 2

c) 6 · 2
12 : 2

d) 8 · 2
16 : 2

e) 9 · 2
18 : 2

Einmaleins mit 10

1

a)

$4 \cdot 10 = \square$

b)

$\square \cdot 10 = \square$

c)

$\square \cdot 10 = \square$

2 Zähle in 10er-Schritten. Zeige die Zahlen.

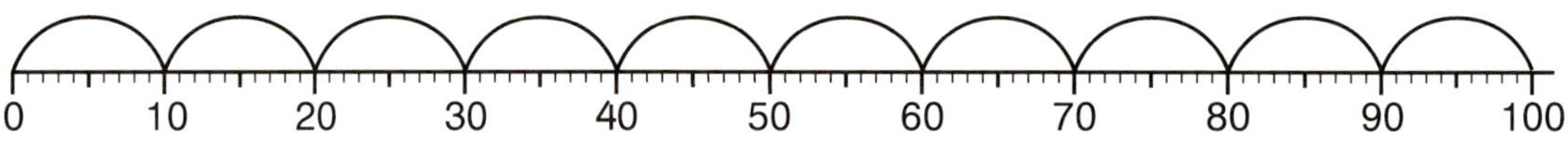

3

a)	b)	c)	d)	e)	f)
$3 \cdot 10$	$5 \cdot 10$	$9 \cdot 10$	$8 \cdot 10$	$4 \cdot 10$	$2 \cdot 10$
$6 \cdot 10$	$7 \cdot 10$	$1 \cdot 10$	$6 \cdot 10$	$0 \cdot 10$	$10 \cdot 10$

4 Wie viele 10-€-Scheine brauchst du?

a)

b)

c)

d)
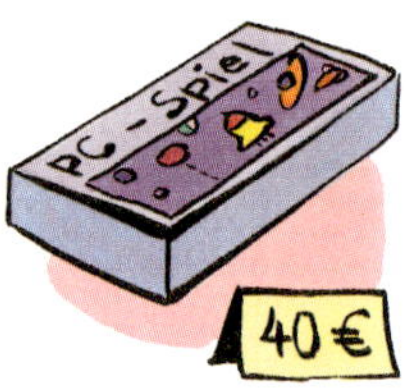

5 Wie viele 10-€-Scheine sind es?

a)	b)	c)
30 €	40 €	100 €
80 €	70 €	60 €

6

a)	b)	c)	d)	e)	f)
$60 : 10$	$50 : 10$	$10 : 10$	$100 : 10$	$40 : 10$	$90 : 10$
$30 : 10$	$70 : 10$	$20 : 10$	$0 : 10$	$80 : 10$	$30 : 10$

7

a)	b)	c)	d)	e)	f)
$4 \cdot 10$	$6 \cdot 10$	$1 \cdot 10$	$8 \cdot 10$	$10 \cdot 10$	$0 \cdot 10$
$40 : 10$	$60 : 10$	$10 : 10$	$80 : 10$	$100 : 10$	$0 : 10$

Einmaleins mit 5

1 a)

$3 \cdot 5 = \square$

b)

$\square \cdot 5 = \square$

c)

$\square \cdot 5 = \square$

2 Zähle in 5er-Schritten bis 50. Zeige die Zahlen.

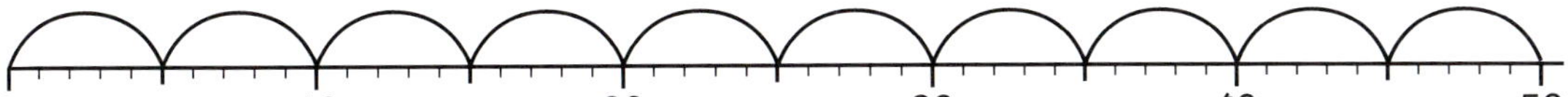

3

a) $2 \cdot 5$
$3 \cdot 5$

b) $5 \cdot 5$
$6 \cdot 5$

c) $5 \cdot 5$
$4 \cdot 5$

d) $10 \cdot 5$
$9 \cdot 5$

e) $2 \cdot 5$
$4 \cdot 5$

f) $8 \cdot 5$
$7 \cdot 5$

☺ $1 \cdot 5 = 5$
$2 \cdot 5 =$
$3 \cdot 5 =$
$4 \cdot 5 =$
☺ $5 \cdot 5 = 25$
$6 \cdot 5 =$
$7 \cdot 5 =$
$8 \cdot 5 =$
$9 \cdot 5 =$
☺ $10 \cdot 5 = 50$

4 Wie viele 5-€-Scheine brauchst du?

a)

b)

c)

d)

5

a) $15 = \square \cdot 5$
$20 = \square \cdot 5$

b) $25 = \square \cdot 5$
$40 = \square \cdot 5$

c) $30 = \square \cdot 5$
$5 = \square \cdot 5$

d) $35 = \square \cdot 5$
$50 = \square \cdot 5$

e) $45 = \square \cdot 5$
$0 = \square \cdot 5$

6

a) $40 : 5$
$40 : 10$

b) $10 : 5$
$10 : 10$

c) $20 : 5$
$20 : 10$

d) $50 : 5$
$50 : 10$

e) $30 : 5$
$30 : 10$

f) $0 : 5$
$0 : 10$

Wiederholen und Üben

1 Schreibe zu jedem Bild zwei Aufgaben.

a) 10 + 10 = ▢
2 · 10 = ▢

a)  b)  c) 

2

a) 3 · 4 = ▢

a) 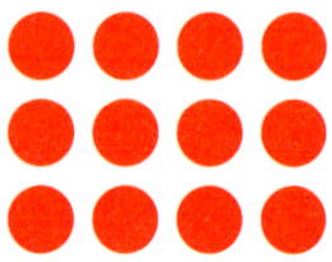 b) 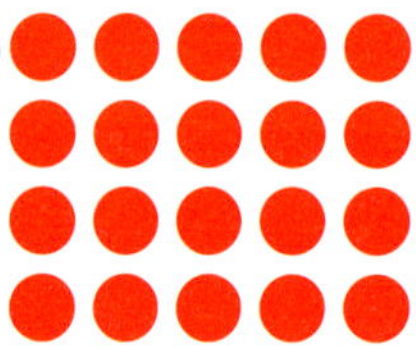 c) 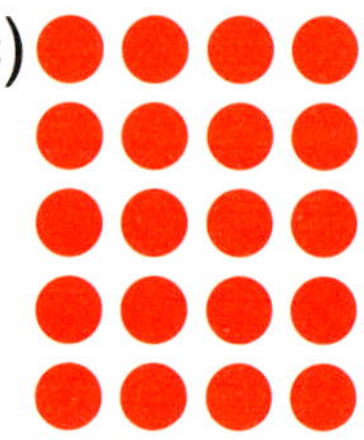 d) 

3 Schreibe zu jedem Bild zwei Aufgaben.

a) 5 · 4 = ▢
20 : 4 = ▢

a) 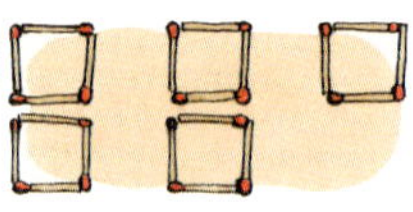 b) 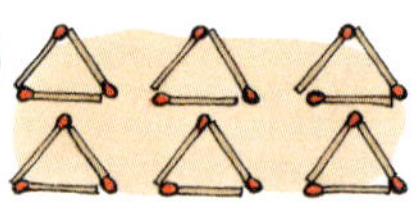 c) 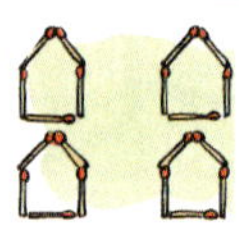 d) 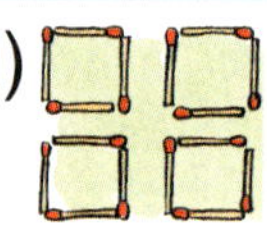

4

a)	b)	c)	d)	e)
2 · 2	1 · 2	4 · 2	3 · 2	7 · 2
5 · 2	10 · 2	8 · 2	6 · 2	0 · 2

5

a)	b)	c)	d)	e)
3 · 10	6 · 10	4 · 10	7 · 10	9 · 10
3 · 5	6 · 5	4 · 5	7 · 5	9 · 5

6

a)	b)	c)	d)	e)
10 : 2	6 : 2	12 : 2	14 : 2	20 : 2
8 : 2	4 : 2	16 : 2	16 : 2	0 : 2

7

a)	b)	c)	d)	e)
20 : 5	35 : 5	30 : 5	15 : 5	10 : 5
25 : 5	45 : 5	50 : 5	5 : 5	40 : 5

Geometrie 3

Formen erkennen

Rechteck

Quadrat

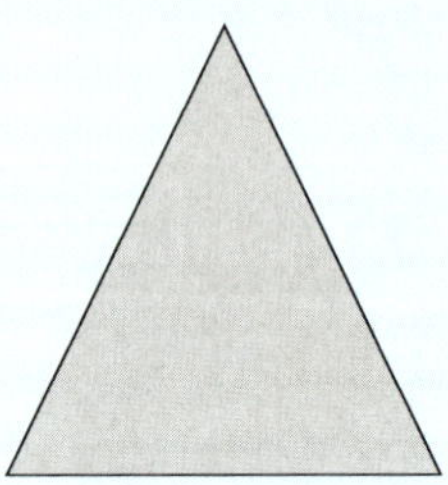

Dreieck

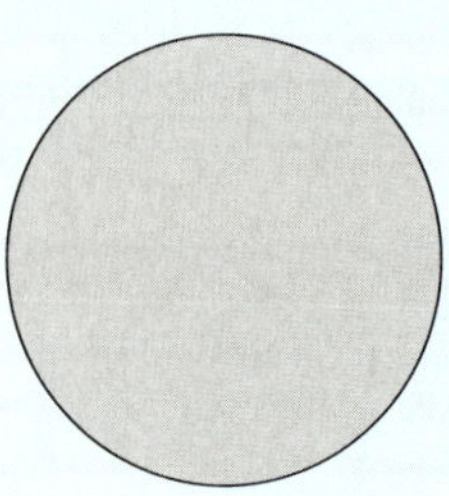

Kreis

1 Wer findet die meisten Dreiecke?

2 Zähle und trage in dein Heft ein.

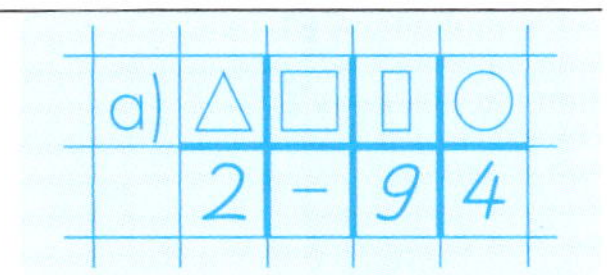

a)

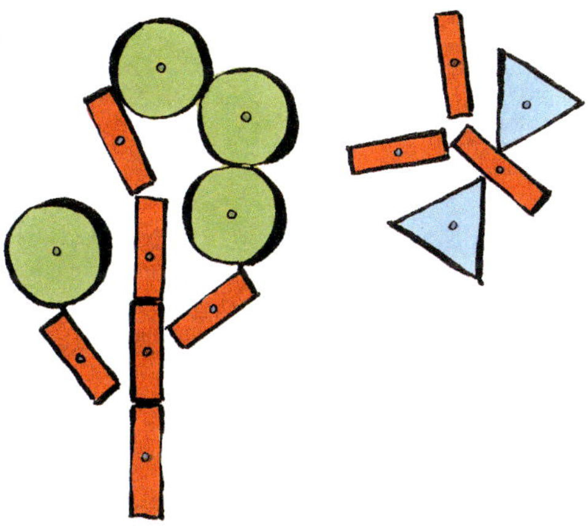

b)

3

Figuren legen

1 Lege nach.

a) 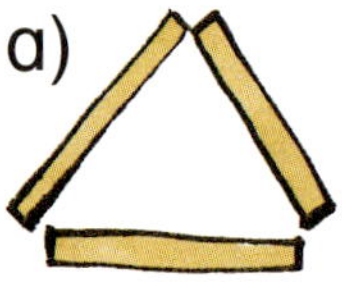

b) 

c) 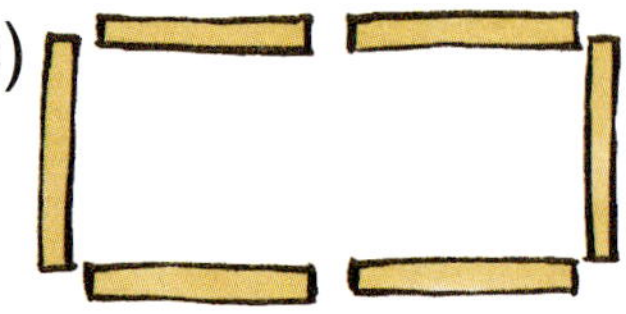

2

a) 

b) 

3

a) 

b) 

c) 

4 Lege die Figur.

a) Ein Quadrat mit 8 Hölzern.
b) Ein Quadrat mit 12 Hölzern.

5 Lege die Figur.

a) Ein Dreieck mit 6 Hölzern.
b) Ein Dreieck mit 9 Hölzern.

6 Lege nach. Dann nimm 2 Hölzer weg.

a) 

2 Dreiecke sollen übrig bleiben.

b) 

2 Quadrate sollen übrig bleiben.

Figuren zeichnen

1 Zeichne verschiedene Quadrate.

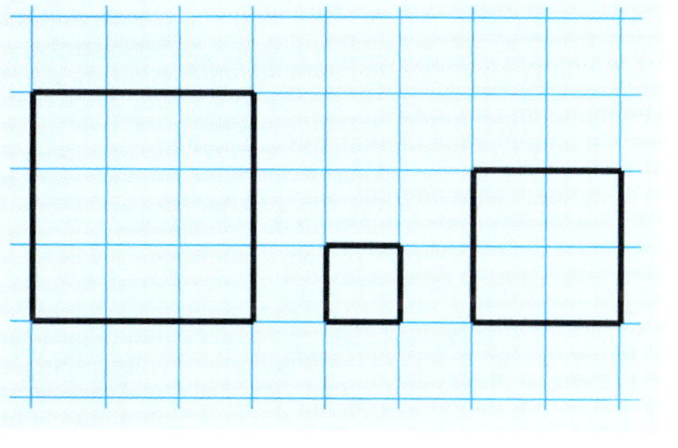

2 Zeichne:

a) verschiedene Rechtecke b) verschiedene Dreiecke

3 Übertrage in dein Heft.

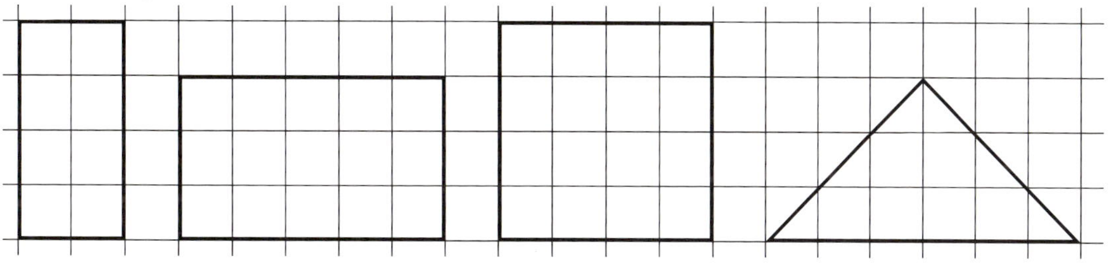

4 Zeichne ein Rechteck und male es bunt aus.

Bandornamente

1 Lege nach.

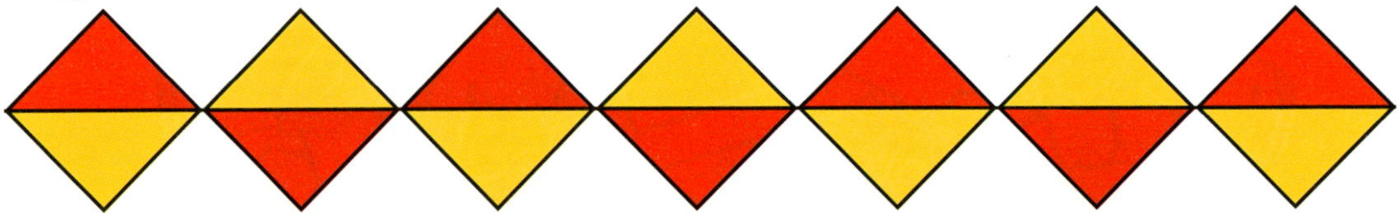

2

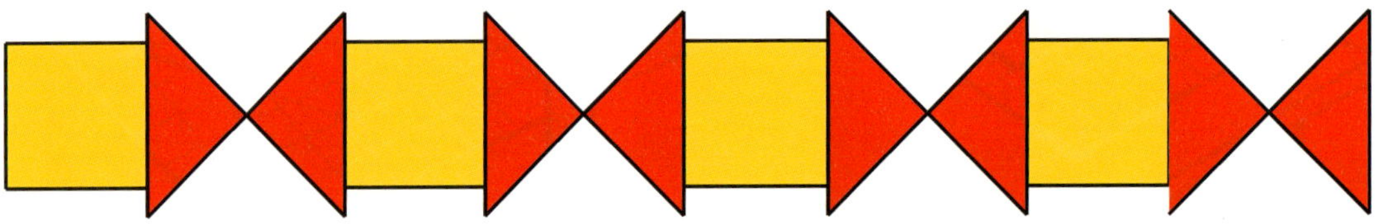

3 Lege nach und setze fort.

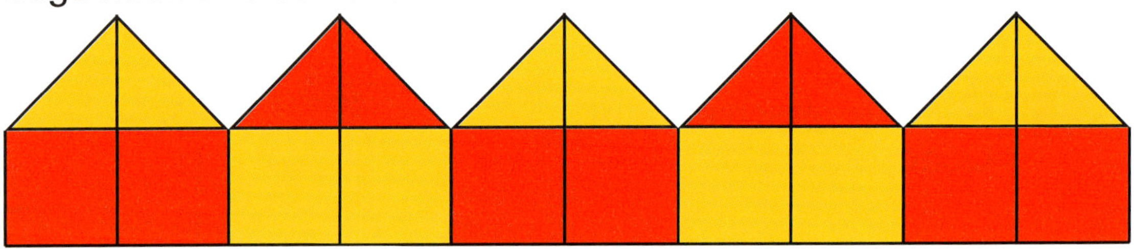

4

5

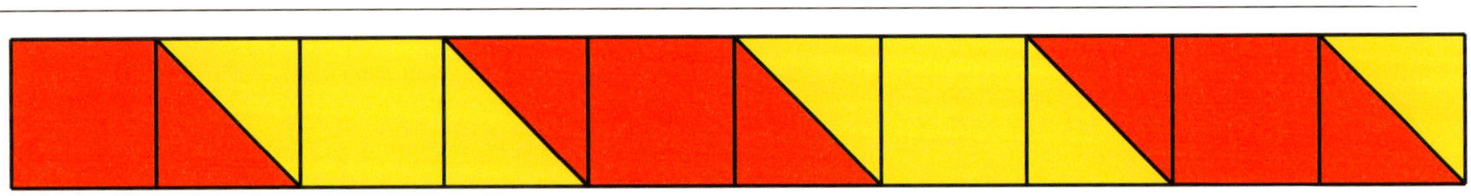

6

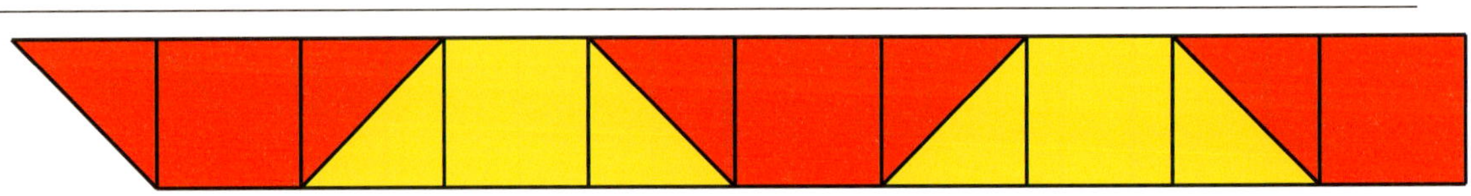

7 Erfinde weitere Muster.

1 Übertrage das Muster in dein Heft und setze es fort.

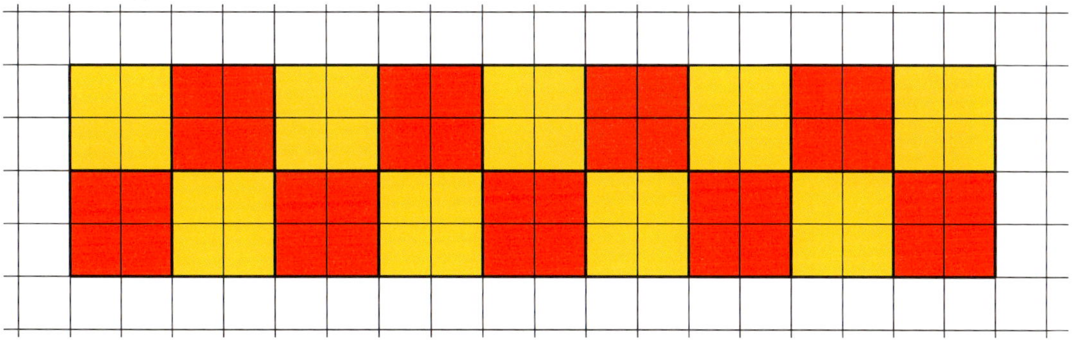

2

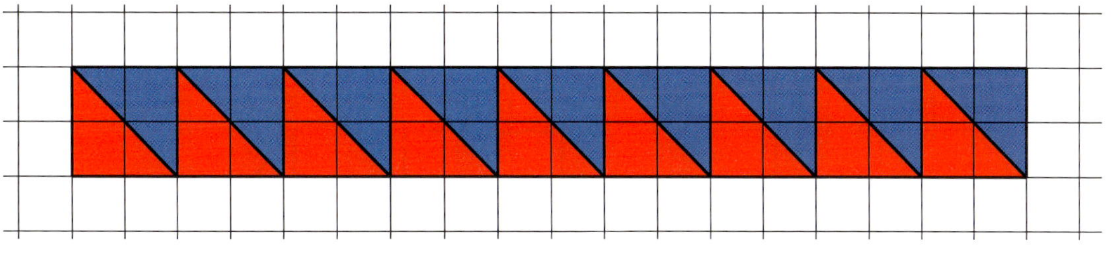

3

4

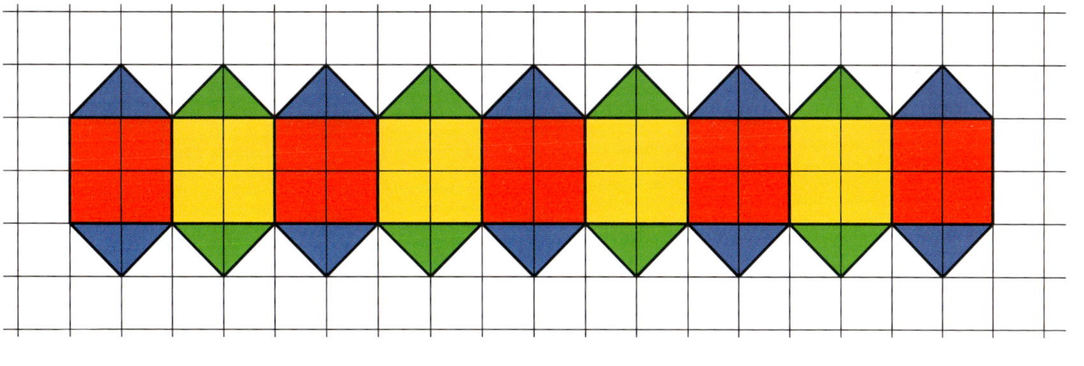

5 Erfinde eigene Muster.

Wiederholen und Üben

1 Benenne die Form.

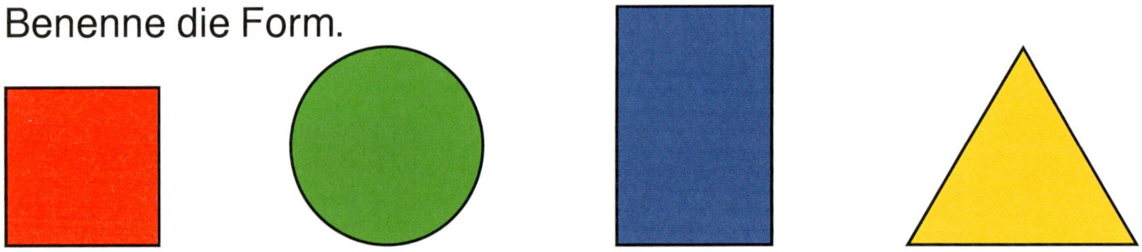

2 Lege die Figur.

a) Ein Quadrat aus 4 Hölzern. b) Ein Rechteck aus 12 Hölzern.

3 Übertrage in dein Heft.

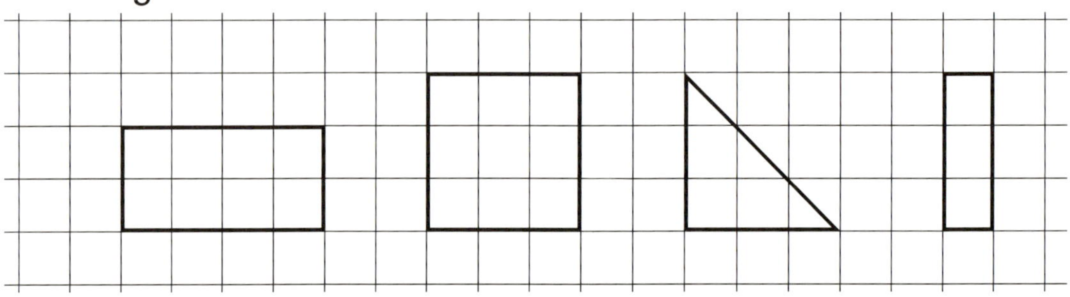

4 Lege nach und setze fort.

a)

b)

5 Übertrage das Muster in dein Heft und setze es fort.

a)

b)

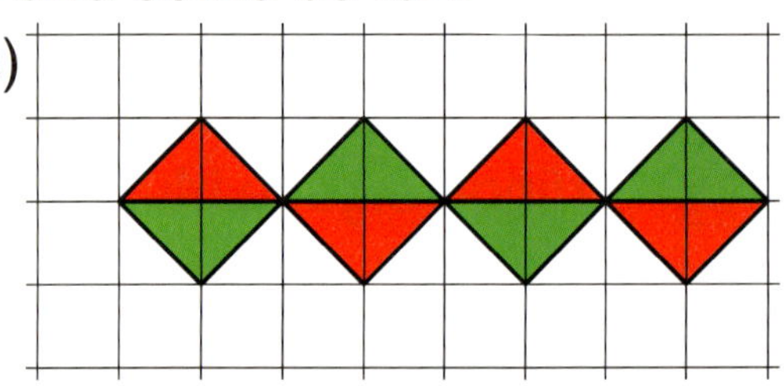

ZIEL

Einmaleins mit 4

1 a)

$2 \cdot 4 = \square$

b)

$\square \cdot 4 = \square$

2 In jedem Boot sitzen 4 Personen. Wie viele Personen sind es?

a) 5 Boote b) 10 Boote c) 8 Boote d) 9 Boote

3

a) $3 \cdot 4 = \square$

a) 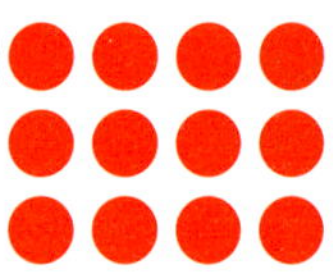

b) 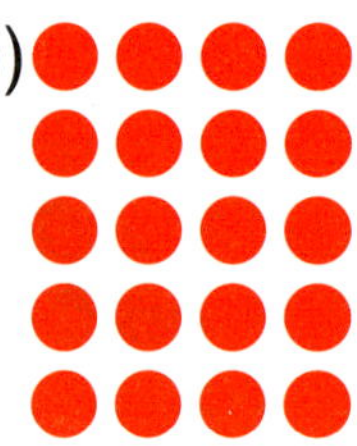

c) 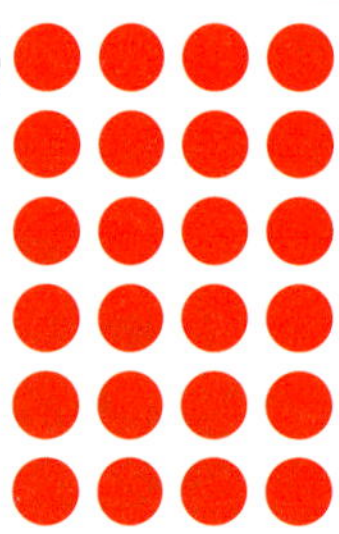

d) 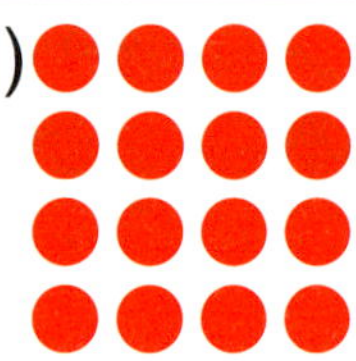

4 a) $2 \cdot 4$, $5 \cdot 4$ b) $4 \cdot 4$, $9 \cdot 4$ c) $3 \cdot 4$, $4 \cdot 4$ d) $7 \cdot 4$, $6 \cdot 4$

5 Wie viele Blätter braucht man?

a) 

b) 

6 Wie viele Blüten werden es?

a) 8 Blätter b) 20 Blätter c) 32 Blätter d) 16 Blätter

1 Zähle in 4er-Schritten bis 40. Zeige die Zahlen.

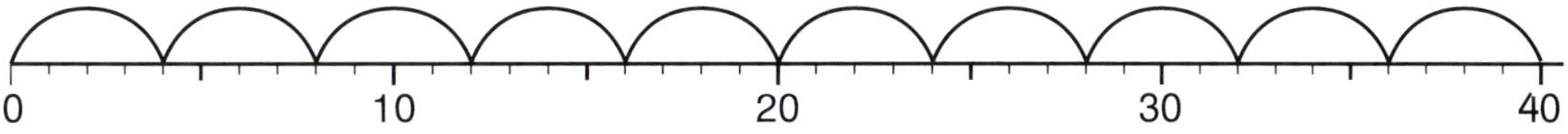

2

a) 2 · 4
3 · 4

b) 5 · 4
6 · 4

c) 5 · 4
4 · 4

d) 10 · 4
9 · 4

e) 2 · 4
4 · 4

f) 8 · 4
7 · 4

- ☺ 1 · 4 = 4
- 2 · 4 =
- 3 · 4 =
- 4 · 4 =
- ☺ 5 · 4 = 20
- 6 · 4 =
- 7 · 4 =
- 8 · 4 =
- 9 · 4 =
- ☺ 10 · 4 = 40

3

a) 2 · 4
3 · 4

b) 10 · 4
9 · 4

c) 5 · 4
6 · 4

d) 4 · 4
8 · 4

e) 1 · 4
7 · 4

4

a) 20 = __ · 4
24 = __ · 4
28 = __ · 4

b) 12 = __ · 4
8 = __ · 4
4 = __ · 4

c) 32 = __ · 4
36 = __ · 4
40 = __ · 4

d) 16 = __ · 4
32 = __ · 4
0 = __ · 4

5

a)

2 · 4 = 8
8 : 4 = __

b)

4 · 4 = __
16 : 4 = __

c)

3 · 4 = __
__ : 4 = __

6

a) 5 · 4
20 : 4

b) 3 · 4
12 : 4

c) 7 · 4
28 : 4

d) 9 · 4
36 : 4

e) 8 · 4
32 : 4

Einmaleins mit 8

1

a) 

$2 \cdot 8 =$ ▢

b) 

$4 \cdot 8 =$ ▢

2 In jeder Schale sind 8 Pflanzen. Wie viele Pflanzen sind es?

a) 2 Schalen b) 5 Schalen c) 10 Schalen d) 9 Schalen

3

a) $3 \cdot 8 =$ ▢

a) 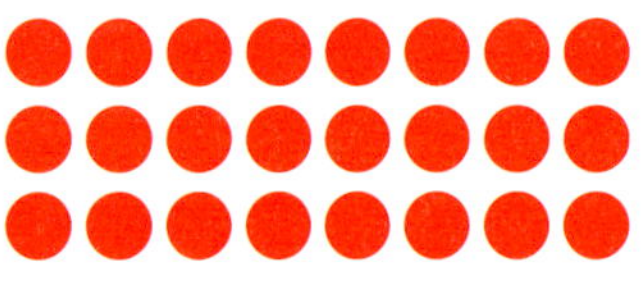 b) 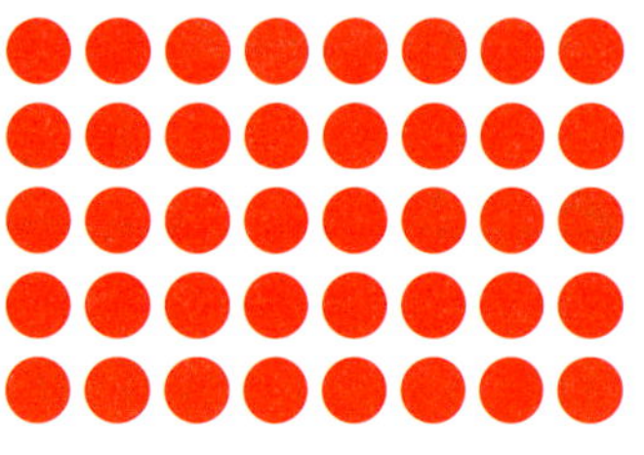 c) 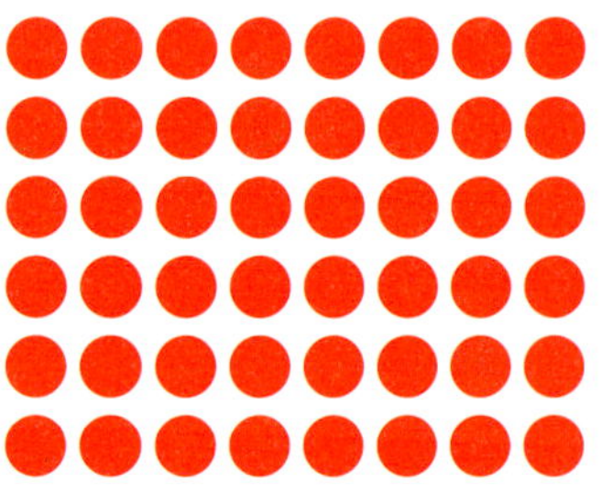

4

a) $2 \cdot 8$	b) $9 \cdot 8$	c) $6 \cdot 8$	d) $4 \cdot 8$
$5 \cdot 8$	$4 \cdot 8$	$7 \cdot 8$	$3 \cdot 8$

5 Wie viele Dreiecke braucht man?

a)  b) 

6 Wie viele Figuren werden es?

a) 16 Dreiecke b) 40 Dreiecke c) 80 Dreiecke d) 72 Dreiecke

1 Zähle in 8er-Schritten bis 80. Zeige die Zahlen.

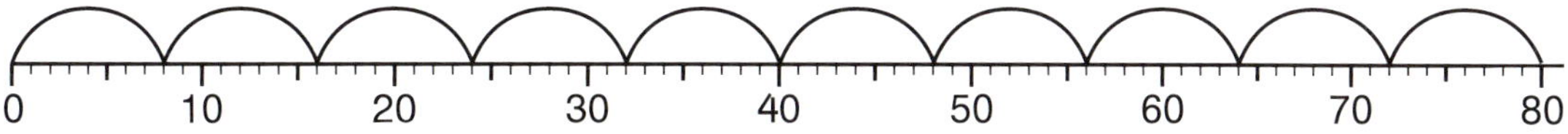

2

a) 2 · 8
3 · 8

b) 5 · 8
6 · 8

c) 5 · 8
4 · 8

d) 10 · 8
9 · 8

e) 2 · 8
4 · 8

f) 8 · 8
7 · 8

3

a) 2 · 8
3 · 8

b) 10 · 8
9 · 8

c) 5 · 8
6 · 8

d) 4 · 8
8 · 8

e) 1 · 8
7 · 8

4

a) 40 = ☐ · 8
48 = ☐ · 8
16 = ☐ · 8

b) 24 = ☐ · 8
32 = ☐ · 8
80 = ☐ · 8

c) 72 = ☐ · 8
64 = ☐ · 8
8 = ☐ · 8

d) 56 = ☐ · 8
48 = ☐ · 8
0 = ☐ · 8

5

a)

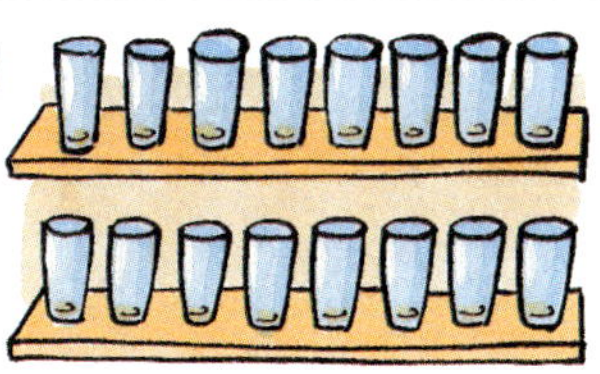

2 · 8 = ☐
16 : 8 = ☐

b)

4 · 8 = ☐
32 : 8 = ☐

c)

3 · 8 = ☐
☐ : 8 = ☐

6

a) 5 · 8
40 : 8

b) 3 · 8
24 : 8

c) 7 · 8
56 : 8

d) 9 · 8
72 : 8

e) 8 · 8
64 : 8

Verwandtschaft der Einmaleinsreihen mit 2, 4 und 8

1

a) 

3 · 4 = ▢
6 · 2 = ▢

b) 

4 · 4 = ▢
8 · 2 = ▢

2 Zähle in 2er-Schritten und in 4er-Schritten bis 20.
Zeige die Zahlen.

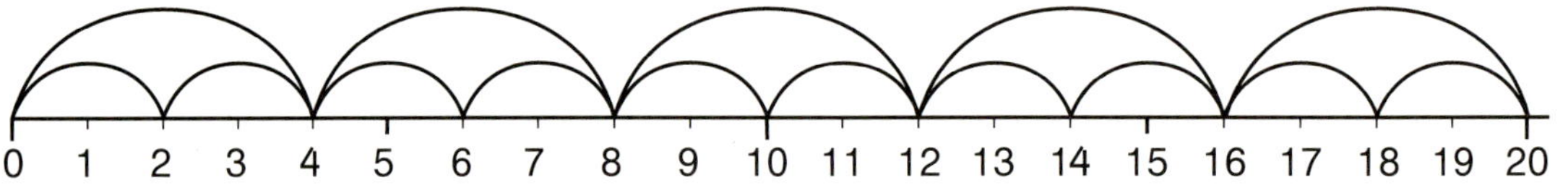

3

a) 8 = ▢ · 4
8 = ▢ · 2

b) 12 = ▢ · 4
12 = ▢ · 2

c) 16 = ▢ · 4
16 = ▢ · 2

d) 20 = ▢ · 4
20 = ▢ · 2

4

a) 8 : 4
8 : 2

b) 20 : 4
20 : 2

c) 12 : 4
12 : 2

d) 16 : 4
16 : 2

5 Zähle in 4er-Schritten und in 8er-Schritten bis 40.
Zeige die Zahlen.

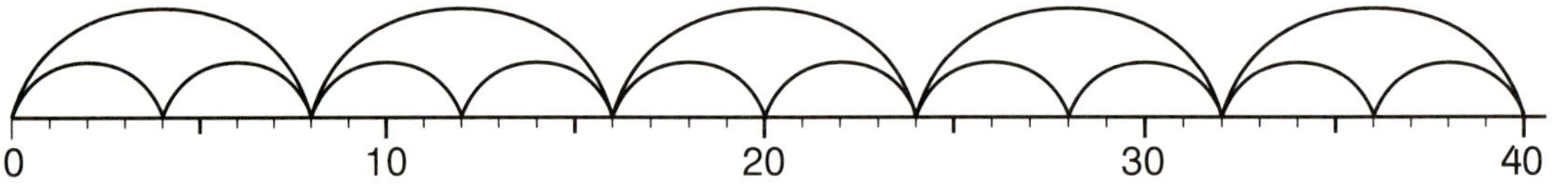

6

a) 16 = ▢ · 8
16 = ▢ · 4

b) 8 = ▢ · 8
8 = ▢ · 4

c) 24 = ▢ · 8
24 = ▢ · 4

d) 32 = ▢ · 8
32 = ▢ · 4

7

a) 8 = ▢ · 8
8 = ▢ · 4
8 = ▢ · 2

b) 16 = ▢ · 8
16 = ▢ · 4
16 = ▢ · 2

c) 0 = ▢ · 8
0 = ▢ · 4
0 = ▢ · 2

d) 40 = ▢ · 8
40 = ▢ · 4
40 = ▢ · 2

Sachaufgaben

Einmaleins mit 3

1 a) 

$4 \cdot 3 =$ ■

b) 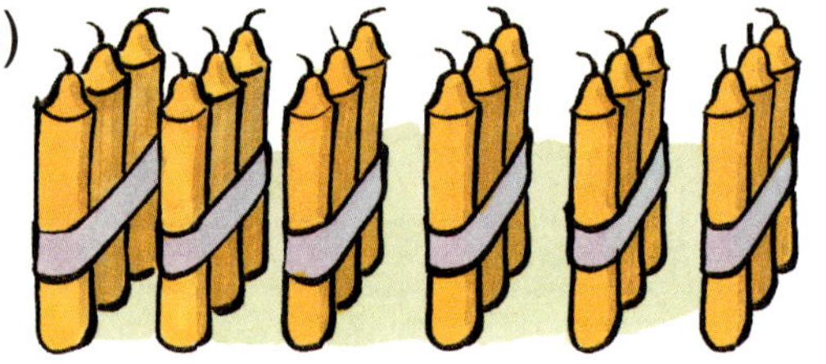

■ $\cdot\, 3 =$ ■

2 Wie viele Kerzen sind es?

a) 3 Bündel b) 7 Bündel c) 8 Bündel d) 10 Bündel

3 a) $5 \cdot 3 =$ ■

a) 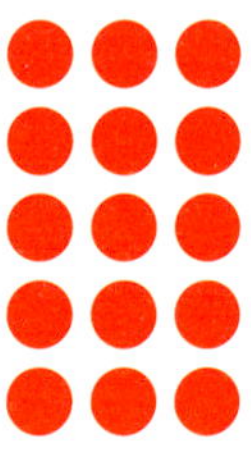

b) 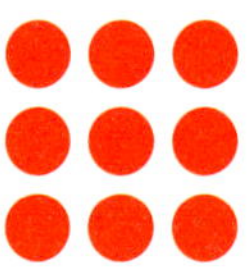

c) 

d) 

4 a) $2 \cdot 3$, $5 \cdot 3$ b) $4 \cdot 3$, $9 \cdot 3$ c) $3 \cdot 3$, $8 \cdot 3$ d) $7 \cdot 3$, $6 \cdot 3$

5 Wie viele Plättchen braucht man?

a) 

b) 

6 Wie viele Propeller werden es?

a) 15 Plättchen b) 21 Plättchen c) 30 Plättchen

1 Zähle in 3er-Schritten bis 30. Zeige die Zahlen.

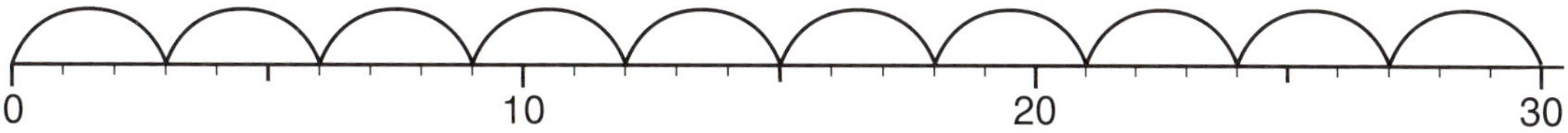

2

a) 2 · 3
3 · 3

b) 5 · 3
6 · 3

c) 5 · 3
4 · 3

d) 10 · 3
9 · 3

e) 2 · 3
4 · 3

f) 8 · 3
7 · 3

3

a) 2 · 3
3 · 3

b) 10 · 3
9 · 3

c) 5 · 3
6 · 3

d) 4 · 3
8 · 3

e) 1 · 3
7 · 3

4

a) 15 = ▢ · 3
21 = ▢ · 3
27 = ▢ · 3

b) 12 = ▢ · 3
9 = ▢ · 3
3 = ▢ · 3

c) 24 = ▢ · 3
6 = ▢ · 3
18 = ▢ · 3

d) 30 = ▢ · 3
0 = ▢ · 3
24 = ▢ · 3

5

a)

3 · 3 = 9
9 : 3 = ▢

b)

5 · 3 = ▢
15 : 3 = ▢

c)

4 · 3 = ▢
▢ : 3 = ▢

6

a) 5 · 3
15 : 3

b) 3 · 3
12 : 3

c) 7 · 3
21 : 3

d) 8 · 3
24 : 3

e) 6 · 3
18 : 3

Einmaleins mit 6

1 a)

$2 \cdot 6 = $ ■

b)

■ $\cdot 6 = $ ■

2 In jedem Karton sind 6 Packungen.
Wie viele Packungen sind es?

a) 6 Kartons b) 10 Kartons c) 7 Kartons d) 9 Kartons

3

a) $4 \cdot 6 = $ ■

a)  b) 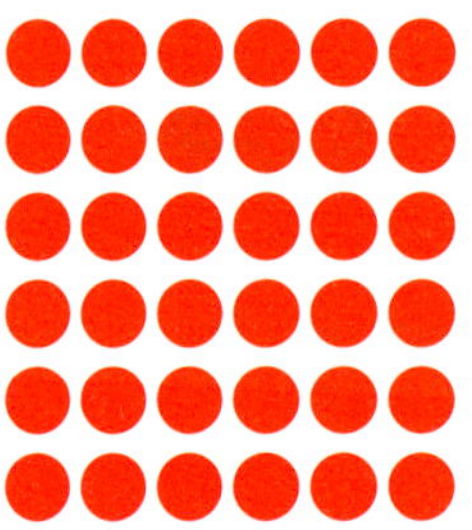 c) 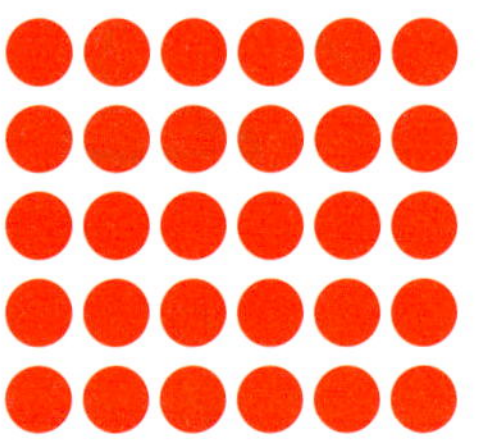 d) 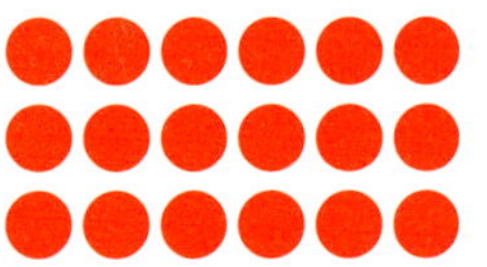

4

a) $2 \cdot 6$ b) $5 \cdot 6$ c) $6 \cdot 6$ d) $10 \cdot 6$
$4 \cdot 6$ $7 \cdot 6$ $8 \cdot 6$ $9 \cdot 6$

5 Wie viele Perlen braucht man für die Kringel?

a) 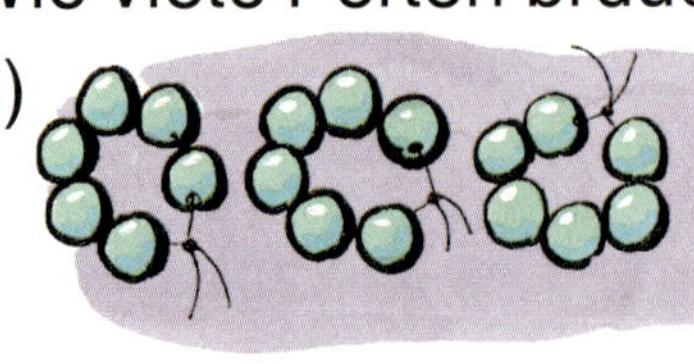 b) 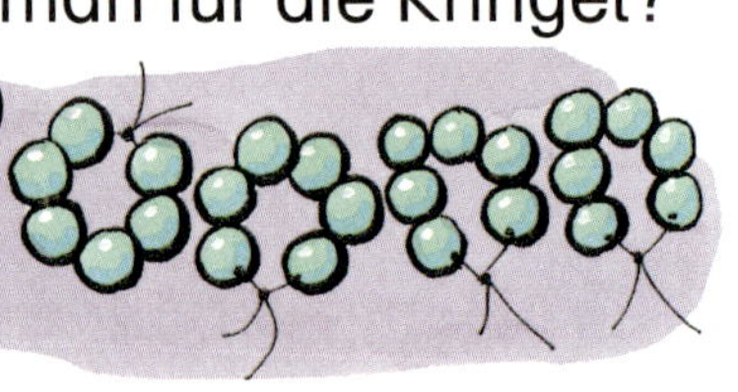

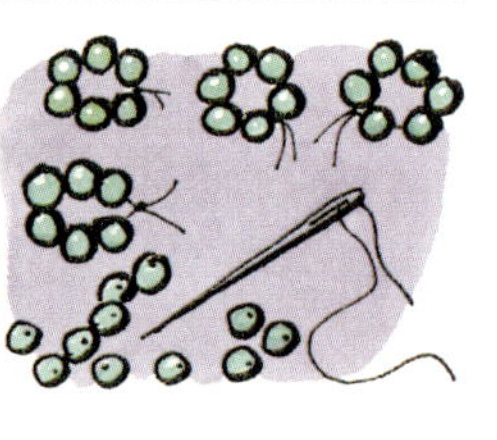

6 Wie viele Kringel werden es?

a) 12 Perlen b) 24 Perlen c) 48 Perlen d) 36 Perlen

1 Zähle in 6er-Schritten bis 60. Zeige die Zahlen.

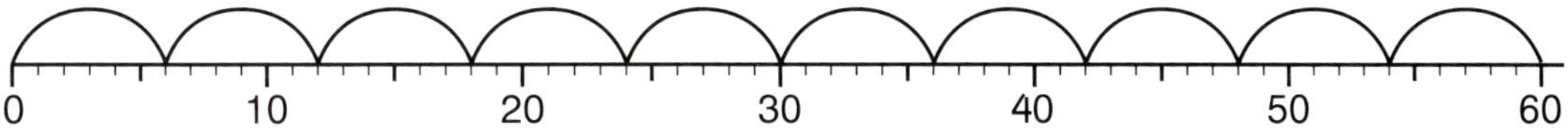

2

a) $2 \cdot 6$, $3 \cdot 6$ b) $5 \cdot 6$, $6 \cdot 6$ c) $5 \cdot 6$, $4 \cdot 6$

d) $10 \cdot 6$, $9 \cdot 6$ e) $2 \cdot 6$, $4 \cdot 6$ f) $8 \cdot 6$, $7 \cdot 6$

$1 \cdot 6 = 6$
$2 \cdot 6 =$
$3 \cdot 6 =$
$4 \cdot 6 =$
$5 \cdot 6 = 30$
$6 \cdot 6 =$
$7 \cdot 6 =$
$8 \cdot 6 =$
$9 \cdot 6 =$
$10 \cdot 6 = 60$

3

a) $2 \cdot 6$, $3 \cdot 6$ b) $10 \cdot 6$, $9 \cdot 6$ c) $5 \cdot 6$, $6 \cdot 6$ d) $4 \cdot 6$, $8 \cdot 6$ e) $1 \cdot 6$, $7 \cdot 6$

4

a) $30 = \square \cdot 6$, $24 = \square \cdot 6$, $36 = \square \cdot 6$

b) $12 = \square \cdot 6$, $6 = \square \cdot 6$, $18 = \square \cdot 6$

c) $42 = \square \cdot 6$, $36 = \square \cdot 6$, $54 = \square \cdot 6$

d) $60 = \square \cdot 6$, $0 = \square \cdot 6$, $48 = \square \cdot 6$

5

a) 

$2 \cdot 6 = \square$
$12 : 6 = \square$

b) 

$4 \cdot 6 = \square$
$24 : 6 = \square$

c) 

$3 \cdot 6 = \square$
$\square : 6 = \square$

6

a) $3 \cdot 6$, $18 : 6$ b) $5 \cdot 6$, $30 : 6$ c) $7 \cdot 6$, $42 : 6$ d) $9 \cdot 6$, $54 : 6$ e) $4 \cdot 6$, $24 : 6$

Im Blumengeschäft

1 Frau Heider kauft 2 Kästen mit Veilchen.

Frage: Wie viele Veilchen kauft sie?
Rechnung: $2 \cdot 4 =$ ▢
Antwort: Sie kauft ▢ Veilchen

2 Herr Corini kauft 3 Kästen mit gelben Primeln.
Wie viele Primeln kauft er?

3 Herr Eilers kauft 7 Rosen.
Wie viel Euro kosten die Rosen?

4 Frau Stahmer kauft 9 Rosen für ihre Mutter.
Wie viel Euro kosten die 9 Rosen?

5 Frau Berger kauft Topfpflanzen für ihr Geschäft.
Sie zahlt 40 €.
Wie viele Topfpflanzen kauft Frau Berger?

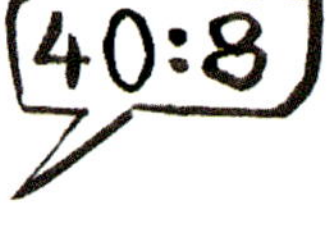

6 Für eine Feier kauft die Firma Albert bunte Sträuße für 42 €.
Wie viele bunte Sträuße kauft die Firma Albert?

Vermischte Übungen

1 Wie viele Strümpfe sind es?

a) 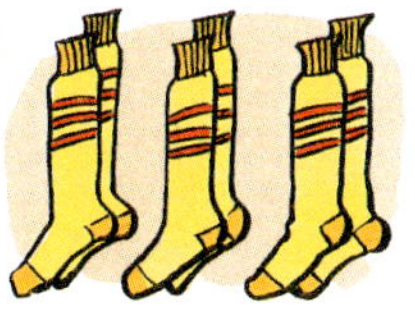
b) 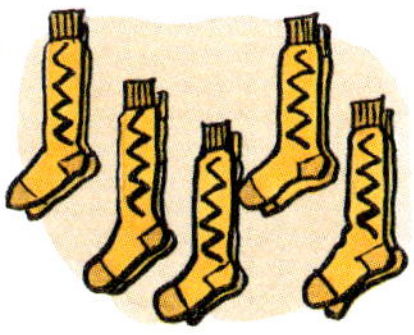
c) 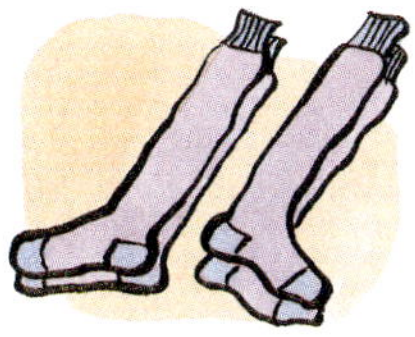
d) 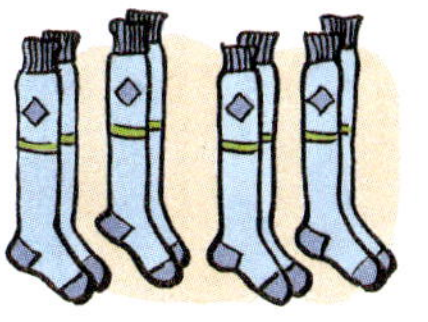

2

a) ·3: 1, 5, 6

b) ·5: 2, 5, 6

c) ·4: 1, 2, 4

d) ·8: 2, 5, 10

a) 1 · 3
5 · 3
6 · 3

3

a) : 2: 2, 4, 10

b) : 10: 50, 60, 80

c) : 5: 10, 20, 50

d) : 3: 6, 9, 30

e) : 6: 30, 42, 54

4

a) 3 · 4
7 · 5
2 · 8

b) 6 · 6
7 · 2
8 · 3

c) 4 · 0
9 · 6
9 · 3

d) 9 · 8
2 · 0
7 · 4

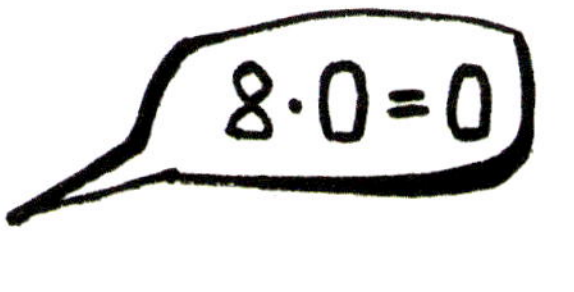

5 Wie viele Kinder sind es?

a) 
b) 

6 In der Turnhalle spielen die Kinder in 4 Mannschaften.
In jeder Mannschaft sind 4 Kinder.
Wie viele Kinder spielen in der Turnhalle?

Einmaleins mit 9

1 a) 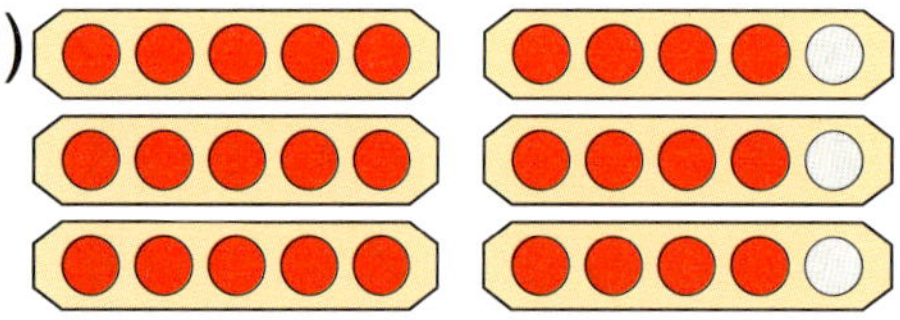

$3 \cdot 9 = \square$

b) 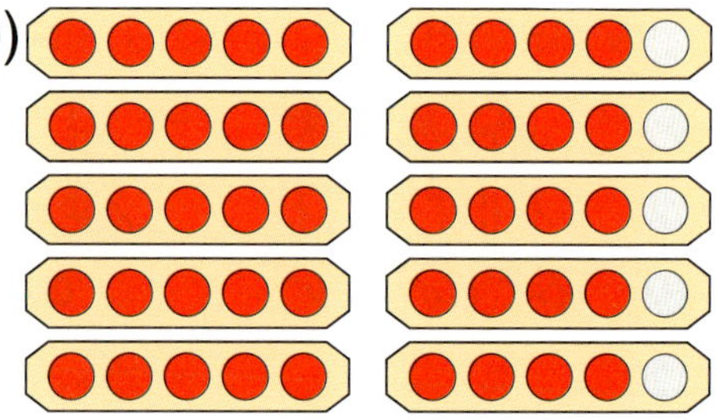

$\square \cdot 9 = \square$

2 In jeder Reihe sind 9 Plättchen. Wie viele Plättchen sind es?

a) 5 Reihen b) 10 Reihen c) 7 Reihen d) 9 Reihen

3 a) $4 \cdot 9 = \square$

a) 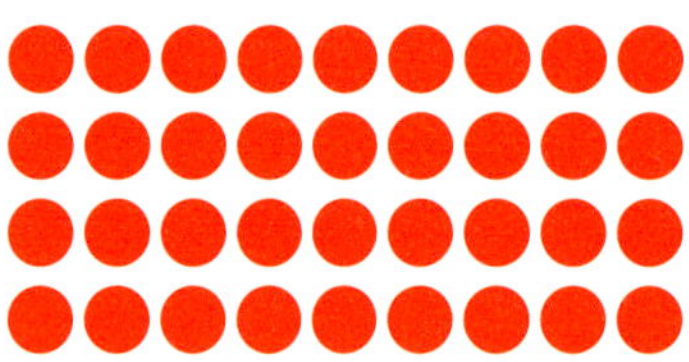

b) 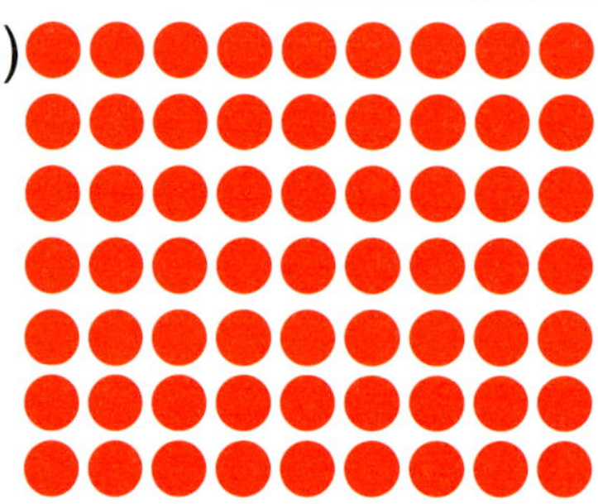

4 a) $2 \cdot 9$ b) $4 \cdot 9$ c) $3 \cdot 9$ d) $7 \cdot 9$

$5 \cdot 9$ $6 \cdot 9$ $9 \cdot 9$ $8 \cdot 9$

5 Wie viele Hölzer braucht man?

a) 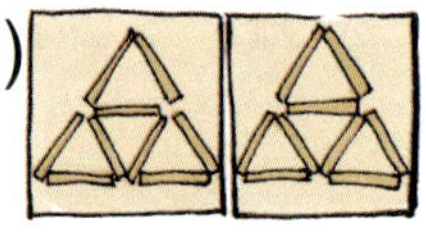

b) 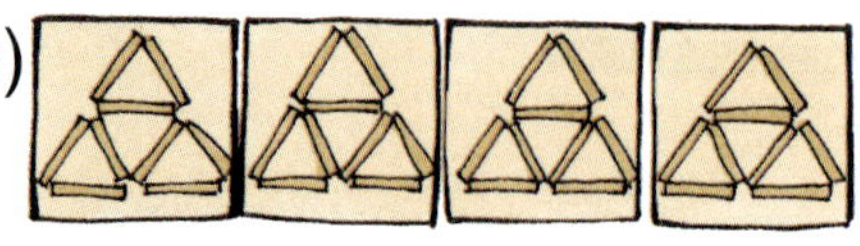

6 Wie viele Figuren werden es?

a) 9 Hölzer b) 27 Hölzer c) 45 Hölzer d) 72 Hölzer

1 Zähle in 9er-Schritten bis 90. Zeige die Zahlen.

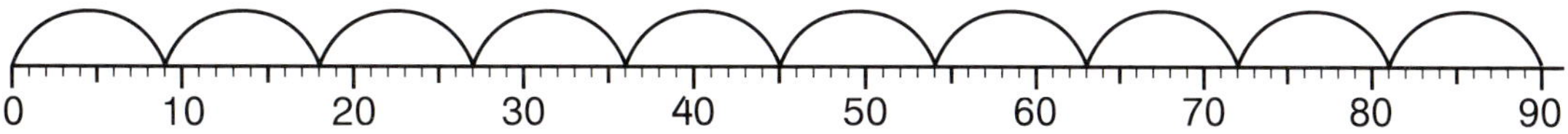

2

a) 2 · 9
3 · 9

b) 5 · 9
6 · 9

c) 5 · 9
4 · 9

d) 10 · 9
9 · 9

e) 2 · 9
4 · 9

f) 8 · 9
7 · 9

3

a) 2 · 9
3 · 9

b) 10 · 9
9 · 9

c) 5 · 9
6 · 9

d) 4 · 9
8 · 9

e) 1 · 9
7 · 9

4

a) 45 = ☐ · 9
54 = ☐ · 9
36 = ☐ · 9

b) 18 = ☐ · 9
27 = ☐ · 9
81 = ☐ · 9

c) 90 = ☐ · 9
72 = ☐ · 9
63 = ☐ · 9

d) 9 = ☐ · 9
36 = ☐ · 9
0 = ☐ · 9

5

a)

2 · 9 = 18
18 : 9 = ☐

b)

4 · 9 = ☐
36 : 9 = ☐

c)

3 · 9 = ☐
☐ : 9 = ☐

6

a) 5 · 9
45 : 9

b) 3 · 9
27 : 9

c) 8 · 9
72 : 9

d) 6 · 9
54 : 9

e) 7 · 9
63 : 9

Einmaleins mit 7

1

a)

$2 \cdot 7 = ■$

b)

$■ \cdot 7 = ■$

2 In jedem Strauß sind 7 Blumen. Wie viele Blumen sind es?

a) 5 Blumensträuße b) 10 Blumensträuße c) 6 Blumensträuße

3

a) $4 \cdot 7 = ■$

a) 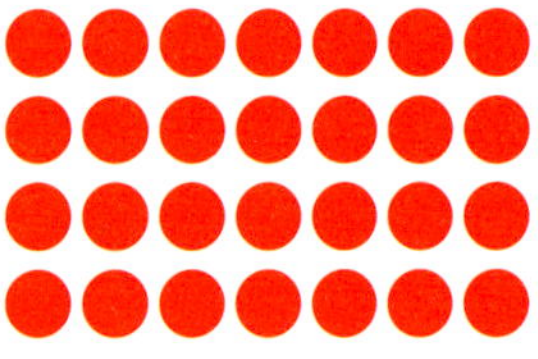

b) 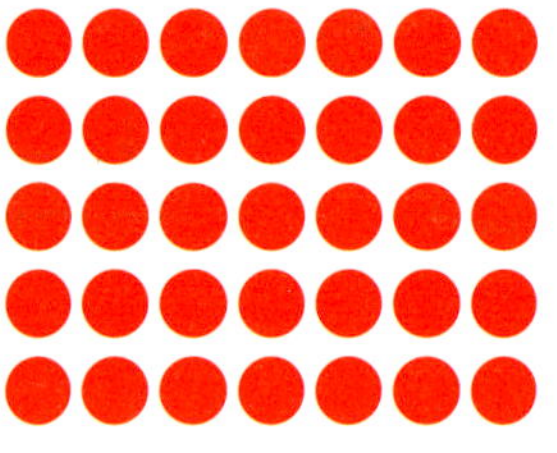

c) 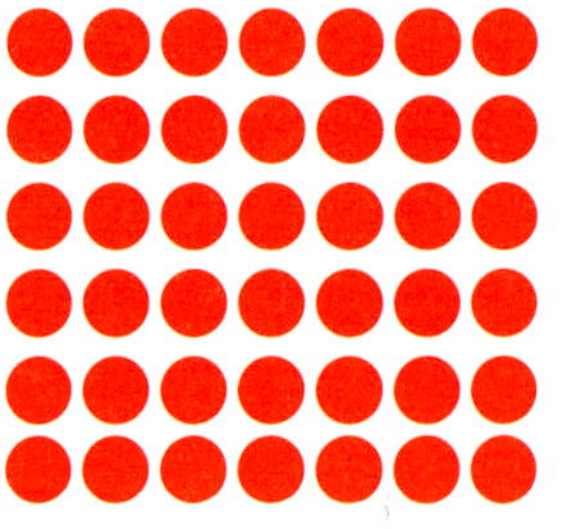

4

a) $2 \cdot 7$ b) $4 \cdot 7$ c) $3 \cdot 7$ d) $7 \cdot 7$

$5 \cdot 7$ $9 \cdot 7$ $4 \cdot 7$ $6 \cdot 7$

5 Wie viele Hölzer braucht man?

a) 

b) 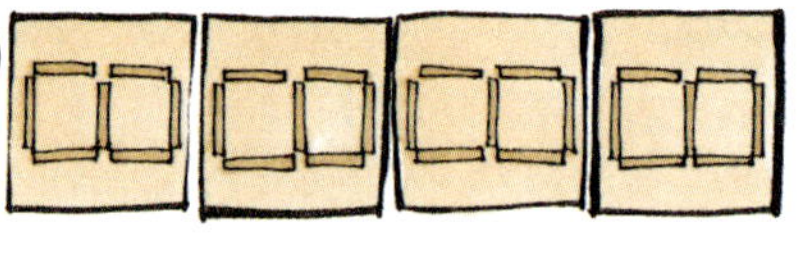

6 Wie viele Figuren werden es?

a) 14 Hölzer b) 28 Hölzer c) 35 Hölzer d) 63 Hölzer

1 Zähle in 7er-Schritten bis 70. Zeige die Zahlen.

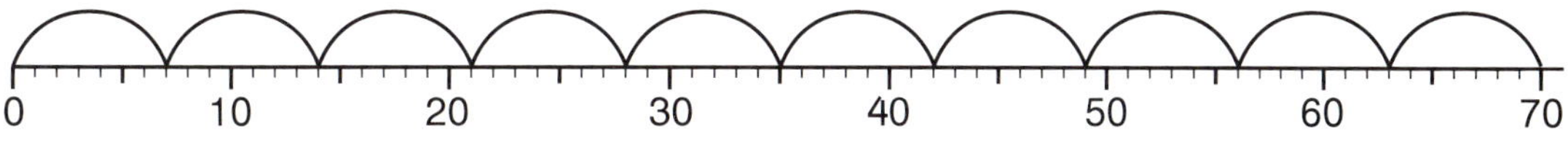

2

a) 2 · 7
3 · 7

b) 5 · 7
6 · 7

c) 5 · 7
4 · 7

d) 10 · 7
9 · 7

e) 2 · 7
4 · 7

f) 8 · 7
7 · 7

1 · 7 = 7
2 · 7 =
3 · 7 =
4 · 7 =
5 · 7 = 35
6 · 7 =
7 · 7 =
8 · 7 =
9 · 7 =
10 · 7 = 70

3

a) 2 · 7
3 · 7

b) 10 · 7
9 · 7

c) 5 · 7
6 · 7

d) 4 · 7
8 · 7

e) 1 · 7
7 · 7

4

a) 14 = ☐ · 7
21 = ☐ · 7
35 = ☐ · 7

b) 7 = ☐ · 7
70 = ☐ · 7
28 = ☐ · 7

c) 42 = ☐ · 7
49 = ☐ · 7
63 = ☐ · 7

d) 56 = ☐ · 7
0 = ☐ · 7
28 = ☐ · 7

5

a)

2 · 7 = 14
14 : 7 = ☐

b)

4 · 7 = ☐
28 : 7 = ☐

c)

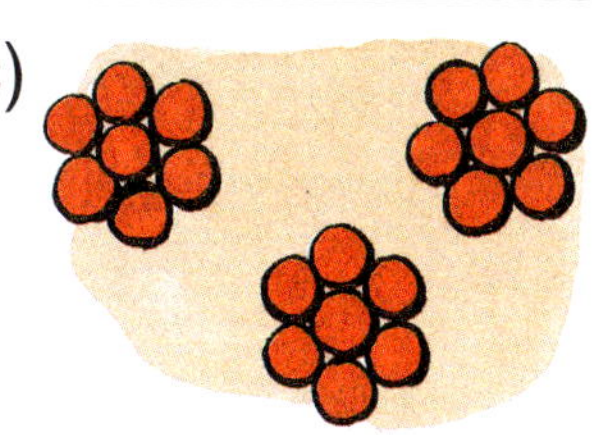

3 · 7 = ☐
☐ : 7 = ☐

6

a) 5 · 7
35 : 7

b) 2 · 7
14 : 7

c) 4 · 7
28 : 7

d) 9 · 7
63 : 7

e) 7 · 7
49 : 7

Wiederholen und Üben

1 Wie viele Blumen sind es?

a) 

b) 

2

a) 3 · 5 = □

a) 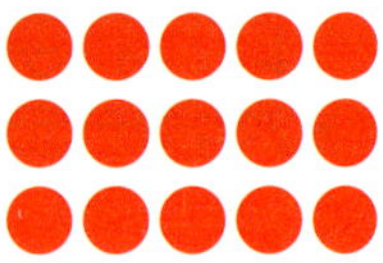

b) 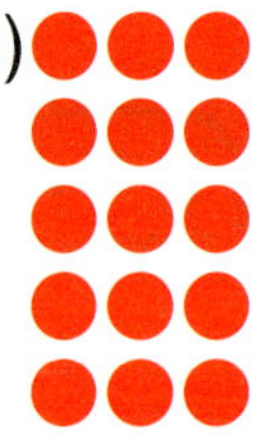

c) 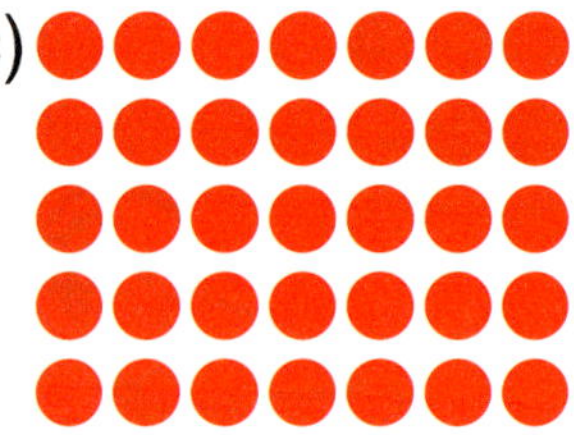

d) 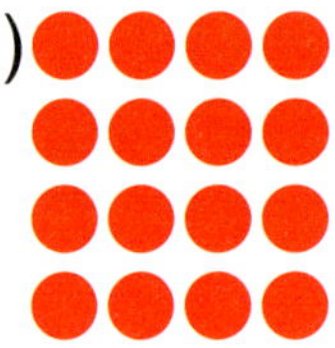

3

a) 3 · 5	b) 4 · 0	c) 5 · 6	d) 6 · 8	e) 3 · 9
3 · 2	4 · 6	5 · 7	8 · 6	0 · 3

4

a) 10 = □ · 5	b) 20 = □ · 5	c) 30 = □ · 6	d) 42 = □ · 7
10 = □ · 2	20 = □ · 4	30 = □ · 5	42 = □ · 6

5

a) 6 · 2	b) 7 · 4	c) 3 · 8	d) 9 · 5	e) 9 · 7
12 : 2	28 : 4	24 : 8	45 : 5	63 : 7

6 Der Blumenhändler bindet 5 Rosensträuße. In jedem Strauß sind 7 Rosen.
Wie viele Rosen bindet er?

7 Aus 45 Tulpen werden Sträuße gebunden. In jedem Strauß sind 9 Tulpen.
Wie viele Sträuße werden gebunden?

8 42 Margeriten werden zu 6 Sträußen gebunden.
Wie viele Margeriten sind in einem Strauß?

Alles paletti

1 Setze ein: >, < oder =

a) 26 ___ 19
23 ___ 30
18 ___ 11

b) 49 ___ 50
72 ___ 72
53 ___ 35

c) 50 ___ 50
72 ___ 81
66 ___ 59

d) 44 ___ 55
21 ___ 12
56 ___ 65

2 Setze die Zahlenreihen fort.

a)	36	37							45
b)	41	40							32

3

a) 50 + ___ = 100
30 + ___ = 100
20 + ___ = 50
30 + ___ = 80

b) 49 + ___ = 50
46 + ___ = 50
44 + ___ = 50
43 + ___ = 50

c) 11 + ___ = 20
81 + ___ = 90
33 + ___ = 40
66 + ___ = 70

4

a)

b)

c)

d)

5 Miss die Entfernungen.

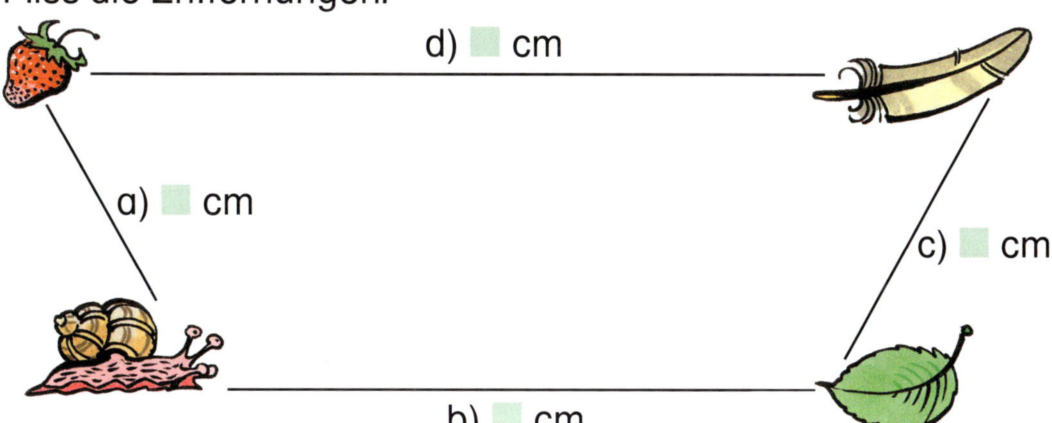

Alles paletti

1

a)

b)

c)

d)

2 Hanna hat 30 € gespart. Sie kauft ein Spiel für 15 €.
Wie viel Geld bleibt übrig?

3 Übertrage in dein Heft.

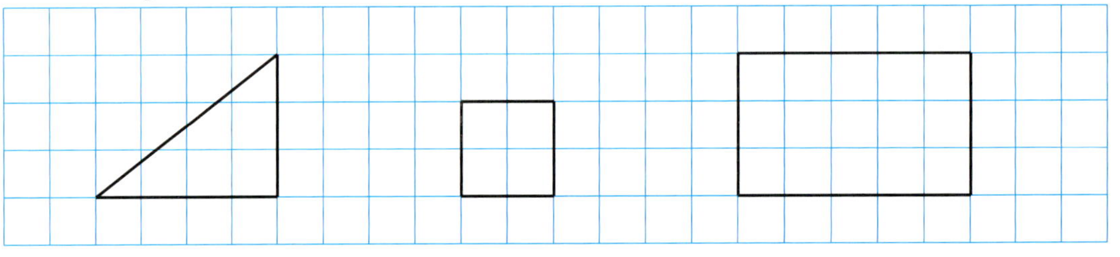

4

a) $2 \cdot 5$ / $5 \cdot 2$ b) $5 \cdot 10$ / $2 \cdot 10$ c) $3 \cdot 2$ / $6 \cdot 2$ d) $4 \cdot 5$ / $7 \cdot 5$ e) $6 \cdot 10$ / $3 \cdot 10$

a)	b)	c)	d)	e)
$2 \cdot 5$	$5 \cdot 10$	$3 \cdot 2$	$4 \cdot 5$	$6 \cdot 10$
$5 \cdot 2$	$2 \cdot 10$	$6 \cdot 2$	$7 \cdot 5$	$3 \cdot 10$

5 Frau Niemann kauft 8 Heftordner. Ein Ordner kostet 2 €.
Wie viel Euro muss sie bezahlen?

6 Herr Eck kauft Eintrittskarten für 10 Kinder. Er bezahlt 50 €.
Wie teuer ist eine Karte?

7

a)	b)	c)	d)	e)
10 : 2	8 : 2	6 : 2	20 : 5	40 : 5
10 : 5	4 : 2	2 : 2	20 : 10	40 : 10

8

a)	b)	c)	d)	e)
$5 \cdot 5$	$0 \cdot 8$	$3 \cdot 6$	$2 \cdot 9$	$7 \cdot 7$
$3 \cdot 3$	$3 \cdot 4$	$6 \cdot 6$	$8 \cdot 3$	$5 \cdot 0$